Ⅲ "智慧职教"服务指南

U0317585

"智慧职教"是由高等教育出版社建设和运营的职业教育数字教学资源共建共享平台和在线课程教学服务平台,包括职业教育数字化学习中心平台(www.icve.com.cn)、职教云平台(zjy2.icve.com.cn)和云课堂智慧职教 App。用户在以下任一平台注册账号,均可登录并使用各个平台。

- **职业教育数字化学习中心平台(www.icve.com.cn):** 为学习者提供本教材配套课程及资源的浏览服务。

登录中心平台,在首页搜索框中搜索"Windows 网络操作系统配置与管理",找到对应作者主持的课程,加入课程参加学习,即可浏览课程资源。

- **职教云平台(zjy2.icve.com.cn):** 帮助任课教师对本教材配套课程进行引用、修改,再发布为个性化课程(SPOC)。

1. 登录职教云平台,在首页单击"申请教材配套课程服务"按钮,在弹出的申请页面填写相关真实信息,申请开通教材配套课程的调用权限。

2. 开通权限后,单击"新增课程"按钮,根据提示设置要构建的个性化课程的基本信息。

3. 进入个性化课程编辑页面,在"课程设计"中"导入"教材配套课程,并根据教学需要进行修改,再发布为个性化课程。

- **云课堂智慧职教 App:** 帮助任课教师和学生基于新构建的个性化课程开展线上线下混合式、智能化教与学。

1. 在安卓或苹果应用市场,搜索"云课堂智慧职教"App,下载安装。

2. 登录 App,任课教师指导学生加入个性化课程,并利用 App 提供的各类功能,开展课前、课中、课后的教学互动,构建智慧课堂。

"智慧职教"使用帮助及常见问题解答请访问 help.icve.com.cn。

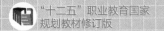
"十二五"职业教育国家
规划教材修订版

国家职业教育网络技术专业
教学资源库配套教材

iCVE
智慧职教
高等职业教育计算机类课程
新形态一体化教材

Windows网络操作系统配置与管理 （第3版）

▶ 主编 卢宁 陈剑

高等教育出版社·北京

内容提要

本书为"十二五"职业教育国家规划教材修订版,同时为国家职业教育网络技术专业教学资源库配套教材。

本书是计算机网络系统管理相关课程的理实一体化教材,以企业系统管理员岗位工作为场景,以工作任务为导向,以 Windows Server 2019 网络操作系统为平台,将网络系统管理岗位工作分解为安装 Windows 网络操作系统,安装和配置 Active Directory 域,配置和管理共享文件夹、分布式文件系统、磁盘系统、打印服务器、DHCP 服务器、DNS 服务器、FTP 服务器、Web 服务器、数字证书服务器、Hyper-V 服务器 12 个教学单元,每个教学单元中的工作任务均融入真实的工作情境,对接真实的工作内容。本书采用工作手册式编写思路,采取了"理论知识+操作技能+实战演练"的结构框架,突出岗位能力的培养和职业核心能力的形成,体现了"做中学"的职业教育特色。

本书配有课程标准、电子教案、电子课件、微课视频和单元测试等丰富的数字化教学资源。与本书配套的数字课程"Windows 网络操作系统配置与管理"在"智慧职教"平台(www.icve.com.cn)上线,学习者可以登录平台进行在线学习及资源下载,授课教师可以调用本课程构建符合自身教学特色的 SPOC 课程,详见"智慧职教"服务指南。教师也可发邮件至编辑邮箱1548103297@qq.com 获取相关资源。

本书可作为高等职业院校专科、本科计算机类专业相关课程的教材,也可作为网络技术爱好者的参考用书。

图书在版编目(CIP)数据

Windows 网络操作系统配置与管理 / 卢宁,陈剑主编. —3 版. —北京:高等教育出版社,2022.6
ISBN 978-7-04-057304-6

Ⅰ.①W… Ⅱ.①卢… ②陈… Ⅲ.①Windows 操作系统–网络操作系统–系统管理–高等职业教育–教材 Ⅳ.①TP316.86

中国版本图书馆 CIP 数据核字(2021)第 228842 号

Windows Wangluo Caozuo Xitong Peizhi yu Guanli

策划编辑	吴鸣飞	责任编辑	吴鸣飞	封面设计	于 博	版式设计	杜微言
插图绘制	邓 超	责任校对	高 歌	责任印制	赵 振		

出版发行	高等教育出版社	网 址	http://www.hep.edu.cn	
社 址	北京市西城区德外大街 4 号		http://www.hep.com.cn	
邮政编码	100120	网上订购	http://www.hepmall.com.cn	
印 刷	高教社(天津)印务有限公司		http://www.hepmall.com	
开 本	787mm×1092mm 1/16		http://www.hepmall.cn	
印 张	16.75	版 次	2014 年 12 月第 1 版	
字 数	340 千字		2022 年 6 月第 3 版	
购书热线	010-58581118	印 次	2022 年 6 月第 1 次印刷	
咨询电话	400-810-0598	定 价	46.80 元	

本书如有缺页、倒页、脱页等质量问题,请到所购图书销售部门联系调换
版权所有 侵权必究
物 料 号 57304-00

总　　序

　　国家职业教育专业教学资源库建设项目是教育部、财政部为深化高职院校教育教学改革，加强专业与课程建设，推动优质教学资源共建共享，提高人才培养质量而启动的国家级建设项目。2011 年，网络技术专业被教育部、财政部确定为国家职业教育专业教学资源库立项建设专业，由深圳信息职业技术学院主持建设网络技术专业教学资源库。

　　2012 年年初，网络技术专业教学资源库建设项目正式启动建设。按照教育部提出的建设要求，建设项目组聘请了哈尔滨工业大学张乃通院士担任资源库建设总顾问，确定了深圳信息职业技术学院、江苏经贸职业技术学院、湖南铁道职业技术学院、黄冈职业技术学院、湖南工业职业技术学院、深圳职业技术学院、重庆电子工程职业学院、广东轻工职业技术学院、广东科学技术职业学院、长春职业技术学院、山东商业职业技术学院、北京工业职业技术学院和芜湖职业技术学院等 30 余所院校以及思科系统（中国）网络技术有限公司、英特尔（中国）有限公司、杭州 H3C 通信技术有限公司等 28 家企事业单位作为联合建设单位，形成了一支学校、企业、行业紧密结合的建设团队。建设团队以"合作共建、协同发展"理念为指导，整合全国院校和相关国内外顶尖企业的优秀教学资源、工程项目资源和人力资源，以用户需求为中心，构建资源库架构，融学校教学、企业发展和个人成长需求为一体，倾心打造面向用户的应用学习型网络技术专业教学资源库，圆满完成了资源库建设任务。

　　本套教材是国家职业教育网络技术专业教学资源库建设项目的重要成果之一，也是资源库课程开发成果和资源整合应用实践的重要载体。教材体例新颖，具有以下鲜明特色。

　　第一，以网络工程生命周期为主线，构建网络技术专业教学资源库的课程体系与教材体系。项目组按行业和应用两个类别对企业职业岗位进行调研并分析归纳出网络技术专业职业岗位的典型工作任务，开发了"网络工程规划与设计""网络设备安装与调试"等 12 门课程的教学资源及配套教材。

　　第二，在突出网络技术专业核心技能——网络设备配置与管理重要性的基础上，强化网络工程项目的设计与管理能力的培养。在教材编写体例上增加了项目设计和工程文档编写等方面的内容，使得对学生专业核心能力的培养更加全面和有效。

　　第三，传统的教材固化了教学内容，不断更新的网络技术专业教学资源库提供了丰富鲜活的教学内容。本套教材创造性地使相对固定的职业核心技能的培养与鲜活的教学内容"琴瑟和鸣"，实现了教学内容"固定"与"变化"的有机统一，极大地丰富了课堂教学内容和教学模式，使得课堂的教学活动更加生动有趣，极大地提高了教学效果和教学质量。同时也对广大高职网络技术专业教师的教学技能水平提出了更高的要求。

　　第四，有效地整合了教材内容与海量的网络技术专业教学资源，着力打造立体化、自主学习式的新形态一体化教材。教材创新采用辅学资源标注，通过图标形象地提示读者本教学内容所配备的资源类型、内容和用途，从而将教材内容和教学资源有机整合，浑然一体。通过对"知识点"提供与之对应的微课视频二维码,让读者以纸质教材为核心,通过互联网尤其是移动互联网,将多媒体的教学资源与纸质教材有机融合,实现"线上线下互动,新旧媒体融合",称为"互联网+"时代教材功能升级和形式创新的成果。

第五,受传统教材篇幅以及课堂教学学时限制,学生在校期间职业核心能力的培养一直是短板,本套教材借助资源库的优势在这方面也有所突破。在教师有针对性地引导下,学生可以通过自主学习企业真实的工作场景、往届学生的顶岗实习案例以及企业一线工作人员的工作视频等资源,潜移默化地培养自主学习能力和对工作环境的自适应能力等诸多的职业核心能力。

第六,本套教材装帧精美,采用双色印刷,并以新颖的版式设计突出直观的视觉效果,搭建知识、技能、素质三者之间的架构,给人耳目一新的感觉。

本套教材经过多年来在各高等职业院校中的使用,获得了广大师生的认可并收集到了宝贵的意见和建议,根据这些意见和建议并结合目前最新的课程改革经验,紧跟行业技术发展,在上一版教材的基础上,不断整合、更新和优化教材内容,注重将新标准、新技术、新规范、新工艺等融入改版教材中,与企业行业密切联系,保证教材内容紧跟行业技术发展动态,满足人才培养需求。本套教材几经修改,既具积累之深厚,又具改革之创新,是全国 30 余所院校和 28 家企事业单位的 300 余名教师、工程师的心血与智慧的结晶,也是网络技术专业教学资源库多年建设成果的集中体现。我们相信,随着网络技术专业教学资源库的应用与推广,本套教材将会成为网络技术专业学生、教师和相关企业员工立体化学习平台中的重要支撑。

国家职业教育网络技术专业教学资源库项目组

2022 年 1 月

前　言

Microsoft 公司从 1983 年开始研发 Windows 操作系统，各种版本的 Windows 操作系统不断涌现，由于 Windows 操作系统具有图形化操作界面、多用户、多任务、网络支持良好等特点，现已成为被广泛使用的操作系统。本书采用的版本是 Windows Server 2019 网络操作系统和 Windows 10 客户端操作系统。

一、内容

本书遵循以项目为载体、以工作任务为导向的教学模式，基于企业 Windows 网络系统管理的工作任务，设计了安装 Windows 网络操作系统，安装和配置 Active Directory 域，配置和管理共享文件夹、分布式文件系统、磁盘系统、打印服务器、DHCP 服务器、DNS 服务器、FTP 服务器、Web 服务器、数字证书服务器、Hyper-V 服务器 12 个教学单元。

每个教学单元明确提出了所需的知识目标、技能目标和素质目标。依据学习目标，设计了多个工作任务，每个工作任务包括任务目标、任务场景、任务环境、知识准备、任务实施 5 个环节，每个单元最后有单元练习，通过选择题和简单题，巩固和检验本单元所学的知识和技能。

二、使用

1. 学时安排建议

课堂教学按照工作任务组织教学模块，设计了 12 个教学单元，建议课时为 54 课时，教学单元与课时安排见表 1。

表 1　教学单元与课时安排

序号	教学单元	建议课时
1	安装 Windows 网络操作系统	4
2	安装和配置 Active Directory 域	6
3	配置和管理共享文件夹	6
4	配置和管理分布式文件系统	4
5	配置和管理磁盘系统	4
6	配置和管理打印服务器	4
7	配置和管理 DHCP 服务器	6
8	配置和管理 DNS 服务器	4
9	配置和管理 FTP 服务器	4
10	配置和管理 Web 服务器	4
11	配置和管理数字证书服务器	4
12	配置和管理 Hyper-V 服务器	4

2. 数字化教学资源

本书配套开发的数字化教学资源见表 2。

表 2　数字化教学资源一览表

序号	资源类型	资源内涵
1	课程标准	涵盖课程性质、课程设计思路、课程目标、课程内容和要求、教学建议与教学评价等
2	电子教案	每个教学单元的教案涵盖教学目的、知识与能力要求、重点/难点及解决方法
3	电子课件	每个工作任务的学习过程分为任务目标、任务场景、任务环境、知识准备、任务实施 5 个环节，强化对技术知识的理解和工作过程的体验
4	微课	包括每个单元任务的授课讲解的操作演示以及工作原理演示动画等
5	单元测试	包括选择题、问答题等类型的题库

三、特色

1. 采用理实一体化的编写模式

本书的编写充分体现以读者为本的原则，以单个任务为单位组织教学，把握课程的知识点和技能点，强调在知识的理解与掌握基础上的实践和应用，培养读者在掌握一定理论的基础上，具有较强的实践能力。在内容编排上，采取了"理论知识+操作技能+实战演练"的结构框架，突出岗位能力的培养和职业核心能力的形成，能很好地满足职业生涯发展的需要，体现了"做中教"的职业教育特色。

2. 教材内容体现工作任务为导向

本书的内容选择和编排以工作任务为导向。基于企业网络系统管理员的岗位任务，以企业真实的工作任务为导向，让读者在完成具体工作任务的过程中完成所需学习的知识和技能，强化读者对基础知识的理解和工作过程的体验，从而提高理解以及分析问题、解决问题的能力，将知识理解和实际应用有机地融为一体。

3. 构建立体化和混合式的教学资源

本书配套的课程资源包括课程标准、电子教案、电子课件、微课视频和单元测试等，既方便课内教学，又方便课外自主学习，为混合式教学提供了良好的平台。读者通过本书的学习，可以利用虚拟化技术，虚拟企业工作环境，快速方便地完成 Windows 网络操作系统配置与管理的工作任务。

使用本书的教师可发邮件至编辑邮箱 1548103297@qq.com 索取教学基本资源。

四、致谢

本书编写团队由具有丰富的一线教学经验的专业教师和具有多年企业实践经验的工程师组成。本书由卢宁、陈剑担任主编，负责教材的总体设计、单元编写及统稿，余振养、李祖猛、邹晶晶担任副主编，参与了本书部分单元的编写工作和相关资料的收集工作。

由于编者水平有限，书中难免存在疏漏和不足之处，恳请读者批评指正。

编　者

2022 年 1 月

目　　录

安装 Windows 网络操作系统

 **学习目标**

【知识目标】

- 了解 Windows 网络操作系统的基本概念
- 了解 Windows Server 2019 操作系统各个版本的区别
- 了解 Windows Server 2019 操作系统的系统配置需求
- 了解本地用户和组

【技能目标】

- 掌握 Windows Server 2019 操作系统的安装步骤
- 掌握 Windows Server 2019 操作系统的基本使用方法
- 掌握屏幕的显示设置
- 掌握计算机名称和 IP 地址的设置
- 掌握本地用户和组账户的创建

【素养目标】

- 具备分析问题和解决问题的能力
- 具备沟通与团队协作的能力
- 具备计算机操作系统运维与管理的能力
- 具备良好的职业道德和敬业精神

教学导航

知识重点	（1）Windows Server 2019 操作系统的安装过程 （2）Windows Server 2019 操作系统的基本使用方法
知识难点	Windows Server 2019 操作系统的个性化参数设置
推荐教学方式	从操作系统安装工作任务入手，通过屏幕显示设置、计算机名称和 IP 地址的设置，以及本地用户和组账户的创建，使读者逐步理解 Windows Server 2019 操作系统的安装步骤，掌握 Windows Server 2019 操作系统的基本使用方法
建议学时	4 学时
推荐学习方法	动手完成任务，在任务中逐渐了解 Windows Server 2019 操作系统的安装步骤，掌握 Windows Server 2019 操作系统的基本使用方法

任务 1 安装 Windows Server 2019 操作系统

安装 Windows Server
2019 操作系统

【任务目标】

（1）在服务器上安装 Windows Server 2019 标准版操作系统。

（2）在客户机上安装 Windows 10 操作系统。

【任务场景】

公司购置了 2 台服务器和若干台终端计算机，结合公司的需要，需要为服务器安装 Windows Server 2019 标准版操作系统，在客户机上安装 Windows 10 操作系统。

【任务环境】

公司部署了局域网环境，有 2 台服务器和 1 台客户机，局域网 IP 地址为 192.168.1.0，掩码地址为 255.255.255.0。任务环境示意图如图 1-1 所示。

操作系统：Windows Server 2019
主机名：Server 1
IP地址：192.168.1.1/24

操作系统：Windows Server 2019
主机名：Server 2
IP地址：192.168.1.2/24

微课 PPT-1-1
任务 1 安装
Windows 操作系统

操作系统：Windows 10
主机名：Win10
IP地址：192.168.1.10/24

图 1-1

【知识准备】

1. Windows Server 2019 简介

Windows Server 2019 可以帮助企业搭建功能强大的网站、应用程序服务器以及虚拟化的云应用环境，无论是大、中、小型的企业网络，均可以使用 Windows Server 2019 的强大管理功能与安全措施，来简化网站与服务器的管理，改善资源的可用性，减少企业成本支出，保护企业应用程序和数据，让企业 IT 人员能够更轻松地管理网站、应用程序服务器与云应用环境。

2. Windows Server 2019 版本

Windows Server 2019 主要分为标准版和数据中心版，以支持各种规模的企业对服务器不断变化的需求。Windows Server 2019 各版本的特性见表 1-1。

表 1-1

功能	标准版	数据中心版
可用作虚拟化主机	支持，每个许可证允许运行 2 台虚拟机以及 1 台 Hyper-V 主机	支持，每个许可证允许运行无限台虚拟机以及 1 台 Hyper-V 主机
Hyper-V	支持	支持，包括受防护的虚拟机
网络控制器	不支持	支持
容器	支持（Windows 容器不受限制；Hyper-V 容器最多为 2 个）	支持（Windows 容器和 Hyper-V 容器不受限制）
主机保护对 Hyper-V 支持	不支持	支持
存储副本	支持（1 种合作关系和 1 个具有单个 2 TB 卷的资源组）	支持，无限制
存储空间直通	不支持	支持
继承激活	托管于数据中心时作为访客	可以是主机或访客

3. Windows Server 2019 的硬件需求

如果要在计算机上安装和使用 Windows Server 2019，此计算机的硬件配置必须符合表 1-2 的基本需求。

表 1-2

硬件	需求
处理器（CPU）	最小 1.4 GHz，64 位
内存（RAM）	最小 512 MB（对于带桌面体验的服务器安装选项为 2 GB）
硬盘	最小 32 GB
显示设备	支持超级 VGA（1024×768 像素）或更高分辨率的图形设备和监视器
其他	键盘、鼠标、USB 接口、DVD 光驱（可选）、互联网连接
注：实际需求要由计算机配置、需要安装的应用程序、安装的服务器角色和功能等数量的多少来确定	

4. Windows Server 2019 安装前的准备工作

为了确保可以顺利安装 Windows Server 2019，建议先做好如下的准备工作。

（1）检查应用程序的兼容性。如果要将现有的网络操作系统升级到 Windows Server 2019，需要先检查现有应用程序的兼容性，以确保升级后这

笔记

些 应 用 程 序 仍 然 可 以 正 常 运 行 。 可 以 通 过 Microsoft Application Compatibility Toolkit 检查应用程序的兼容性。此工具可以在微软公司的官方网站下载。

（2）断开 UPS（不间断电源供应系统）电源。如果 UPS 与计算机之间通过串线电缆（Serial Cable）串接，必须断开这条电缆，因为安装程序会通过串线端口（Serial Port）监测所连接的设备，可能会让 UPS 接收到自动关闭的错误命令，因而造成计算机断电。

（3）备份数据。在安装过程中，可能会删除硬盘中的数据，或可能由于操作不慎造成数据被破坏，因此需要备份计算机中的重要数据。

（4）运行 Windows 内存诊断工具。此程序可以测试计算机内存（RAM）是否正常。内存故障是计算机故障中最常见的。在安装过程出现问题时，有必要检查计算机的内存是否正常。可在微软公司的官方网站下载程序，制作包含 Windows 内存诊断工具的光盘，然后利用此光盘来启动计算机并运行光盘的内存诊断工具。

（5）准备好大容量存储设备的驱动程序。如果该设备厂商另外提供驱动程序文件，可将文件保存到 CD 光盘、DVD 光盘或 U 盘等媒质的根目录或 amd64 文件夹内，然后在安装过程中选择这些驱动程序。

5. Windows Server 2019 的安装模式

Windows Server 2019 提供以下两种安装模式。

（1）带有 GUI 的服务器。安装完成后的 Windows Server 2019 包含图形用户界面（GUI），它提供友好的用户界面与图形管理工具。

（2）服务器核心安装。安装完成的 Windows Server 2019 仅提供最小化的环境，它可以降低维护与管理需求，减少使用硬盘的容量。由于没有图形用户界面，因此只能使用命令提示符、Windows PowerShell 或通过远程计算机来管理此台服务器。

带有 GUI 的服务器提供较为友好的管理界面，但是服务器核心的安装需要提供比较安全的环境。由于安装完成后，可以随意在这两种选择环境中切换，因此可以先选择带有 GUI 的服务器，然后通过其友好的图形用户界面来完成服务器的设置，最后切换到比较安全的服务器核心运行环境。

6. 全新安装或升级为 Windows Server 2019

可以选择全新安装 Windows Server 2019 或将原有的 Windows 系统进行升级。

（1）全新安装。利用 Windows Server 2019 DVD 光盘来启动计算机并运行 DVD 光盘内的安装程序。如果磁盘内已经有旧版 Windows 系统，则还可以先启动此系统，然后将 Windows Server 2019 DVD 光盘放入光驱内，此时系统默认会自动运行 DVD 光盘内的安装程序。

（2）将旧版 Windows 操作系统进行升级。必须先启动该旧版的 64 位 Windows 系统（Windows Server 2016 R2、64 位的 Windows Server 2016

同级别的版本），然后将 Windows Server 2019 DVD 光盘放入光驱内，系统默认会自动运行 DVD 光盘内的安装程序，并选择升级 Windows 操作系统。

【任务实施】

1. 创建虚拟机 Server1

微课实验 1-1-1
任务 1-1　安装
Windows Server
2019

（1）从"开始"菜单中单击相应的按钮运行 VMware Workstation。

（2）在 VMware Workstation 界面中，单击"创建新的虚拟机"按钮。

（3）在"欢迎使用新建虚拟机向导"界面中，选择"自定义（高级）"，单击"下一步"按钮。

（4）在"安装客户机操作系统"界面中，选择"稍后安装操作系统"，单击"下一步"按钮。

（5）在"选择客户机操作系统"界面中的"客户机操作系统"选项区域，选择 Microsoft Windows 单选按钮，然后在"版本"下拉列表中选择 Windows Server 2019，单击"下一步"按钮，如图 1-2 所示。

（6）在"命名虚拟机"界面中，为新建的虚拟机创建名称和指定虚拟机文件保存在物理机中的位置（可以根据实际情况自定义），本任务的"虚拟机名称"为 Server1，保存位置为 G:\VM2019\Server1，然后单击"下一步"按钮，如图 1-3 所示。

图 1-2　　　　　　　　　　　　　　　　　图 1-3

（7）在"固件类型"界面中，选择固件类型为 BIOS，单击"下一步"按钮。

（8）在"处理器配置"界面中，设置处理器数量为 1，每个处理器的内核数量为 1，单击"下一步"按钮。

（9）在"此虚拟机的内存"界面中，设置内存大小为 2 GB，单击"下一步"按钮。

✒ 笔 记

（10）在"网络类型"界面中，网络连接选择"使用网络地址转换"，单击"下一步"按钮。

（11）在"选择 I/O 控制器类型"界面中，I/O 控制器类型选择 LSI Logic SAS 类型，单击"下一步"按钮。

（12）在"选择磁盘类型"界面中，虚拟磁盘类型选择 NVMe 类型，单击"下一步"按钮。

（13）在"选择磁盘"界面中，磁盘选择"创建新虚拟磁盘"，单击"下一步"按钮。

（14）在"指定磁盘容量"界面中，设置最大磁盘大小为 60 GB，并选择"将虚拟磁盘存储为单个文件"单选按钮（虚拟机磁盘大小，可以根据个人需要增大或减少，但不要少于系统安装的最低要求），单击"下一步"按钮。

（15）在"指定磁盘文件"界面中，磁盘文件命名为 Server1.vmdk，单击"下一步"按钮，如图 1-4 所示。

（16）在"已准备好创建虚拟机"界面中，单击"完成"按钮。

2. 安装 Windows Server 2019 操作系统

（1）在 Server1 虚拟机界面中，单击"编辑虚拟机设置"按钮，在弹出的"虚拟机设置"对话框中选择 CD/DVD（SATA）选项，选择"使用 ISO 映像文件"单选按钮，浏览存放 Windows Server 2019 的 ISO 镜像文件路径（可以根据实际情况选择镜像文件的路径），本任务的路径为 F:\windows ISO\Windows_Server_2019.ISO，如图 1-5 所示，然后单击"确定"按钮。

图 1-4

图 1-5

（2）在 Server1 虚拟机界面中，单击"开启此虚拟机"，启动虚拟机进入 Windows Serve 2019 安装界面，选择相应的安装语言、时间和货币格式、键盘和输入方法，如图 1-6 所示，单击"下一步"按钮。

（3）进入"Windows 安装程序"界面，单击"现在安装"按钮。

（4）进入"激活 Windows"界面，单击"我没有产品秘钥"按钮。

（5）进入"选择要安装的操作系统"界面，选择"Windows Server 2019 Standard（桌面体验）"，单击"下一步"按钮，如图 1-7 所示。

图 1-6　　　　　　　　　　　　　　　　　　　　图 1-7

（6）进入"适用的声明和许可条款"界面，选择"我接受许可条款"，单击"下一步"按钮。

（7）进入"你想执行哪种类型的安装？"界面，选择"自定义：仅安装 Windows"。

（8）进入"你想将 Windows 安装在哪里？"界面，直接单击"下一步"按钮，如图 1-8 所示。

（9）进入"正在安装 Windows"界面，等待系统安装完成。

（10）系统安装完成后，进入"自定义设置"界面，设置用户的密码为 Admin@123，单击"完成"按钮，如图 1-9 所示。

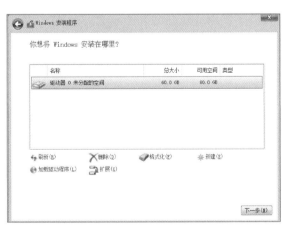

图 1-8　　　　　　　　　　　　　　　　　　　　图 1-9

（11）使用 Ctrl+Alt+Del 快捷键，进入 Windows Server 2019 系统登录界面，如图 1-10 所示，登录账户为 Administrator，密码为 Admin@123。

微课实验 1-1-2
任务 1-2 安装
Windows 10 客户端

（12）安装 VMware tools 软件。

3. 安装 Server2 服务器

（1）按照上述步骤 1，创建虚拟机 Server2。

（2）按照上述步骤 2，安装 Windows Server 2019 操作系统。

4. 安装 Win10 客户端

（1）按照上述步骤 1，创建虚拟机 Win10。

注意：

虚拟机 Win10 创建过程中，在"选择客户机操作系统"界面时，在"客户机操作系统"选项区域，选择"Microsoft Windows"，然后在"版本"下拉列表中选择 Windows 10 x64，如图 1-11 所示。

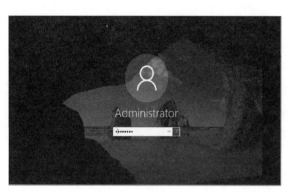

图 1-10

图 1-11

（2）在虚拟机 Win10 界面，单击"编辑虚拟机设置"按钮，在弹出的对话框中选择"CD/DVD（SATA），选择"使用 ISO 映像文件"单选按钮，选择存放 Windows 10 x64 的 ISO 镜像文件路径，路径为：F:\windows2019ISO\Windows_10.ISO，单击"确认"按钮，如图 1-12 所示。

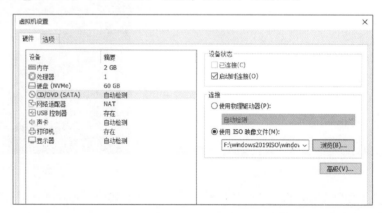

图 1-12

（3）在虚拟机 win10 界面中，单击"开启此虚拟机"，启动虚拟机进入 Windows 10 操作系统安装界面，选择相应的安装语言、时间和货币格式、键盘和输入方式，单击"下一步"按钮。

（4）进入"Windows 安装程序"界面，单击"现在安装"按钮。

（5）进入"输入产品密钥以激活 Windows"界面，选择"跳过"。

（6）进入"选择要安装的操作系统"界面，选择"Windows 10 专业版"，单击"下一步"按钮，如图 1-13 所示。

（7）进入"许可条款"界面，选择"我接受许可条款"，单击"下一步"按钮。

（8）进入"你想执行哪种类型的安装"界面，选择"自定义：仅安装 Windows"。

（9）进入"你想将 Windows 安装在哪里"界面，直接点击"下一步"按钮。

（10）进入"正在安装 Windows"界面，等待系统安装完成。

（11）系统安装完成后，进入"输入产品密钥"界面，选择"以后再说"。

（12）进入"快速上手"界面，选择"使用快速设置"。

（13）进入"创建账户"界面，在"谁将会使用这台电脑"栏中输入"Win10"，输入密码为"Admin@123"。密码提示为"Admin"，如图 1-14 所示，单击"下一步"按钮，进入 Windows 10 系统。

（14）安装 VMware tools 软件，然后系统重启。

（15）输入用户名"Win10"，密码"Admin@123"，登录系统。

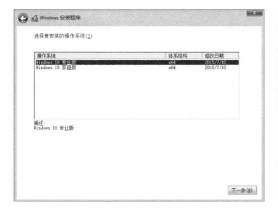

图 1-13

图 1-14

任务 2 配置 Windows Server 2019 操作系统基本环境

 【任务目标】

（1）在服务器上配置 Windows Server 2019 操作系统的基本环境。

（2）在客户机上配置 Windows 10 操作系统的基本环境。

【任务场景】

2 台服务器和 1 台客户机安装完成操作系统后，需要进行基本环境的配置，其配置任务如下。

1.　服务器 1 的配置任务

（1）设置屏幕显示分辨率 800×600 像素。

（2）更改屏幕背景。

（3）更改计算机名为 Server1。

（4）设置 IP 地址为 192.168.1.1；掩码为 255.255.255.0。

（5）关闭防火墙。

（6）查看环境变量。

2.　服务器 2 的配置任务

（1）更改计算机名为 Server2。

（2）设置 IP 地址为 192.168.1.2；掩码为 255.255.255.0。

（3）关闭防火墙。

（4）测试与服务器 1 的连通性。

3.　客户机的配置任务

（1）更改计算机名为 Win10。

（2）设置 IP 地址为：192.168.1.10，掩码为：255.255.255.0。

（3）关闭防火墙。

（4）测试与服务器 1 和服务器 2 的连通性。

【任务环境】

公司部署了局域网环境，有 2 台服务器和 1 台客户机，局域网 IP 地址为 192.168.1.0，掩码地址为 255.255.255.0。任务环境示意图如图 1-1 所示。

【知识准备】

微课 PPT-1-2
任务 2　配置
Windows 操作系统
基本环境

1.　设置计算机屏幕

屏幕上显示的字符是由一个一个的点组成的，这些点被称为像素，可以自行调整水平与垂直的显示点数。例如，水平 800 点、垂直 600 点，则分辨率为 800×600 像素，分辨率越高，显示的清晰度越佳。每个像素能够显示的颜色多少，要看用多少位（bit）来显示一个像素。例如，由 16 位来显示一个像素，则一个像素可以有 2^{16}=65536 种颜色。

2.　设置计算机名

每台计算机的计算机名必须是唯一的，不应该与网络上的其他计算机名相同。另外，建议将同一部门或者工作性质类似的计算机划分在同一个工作组，让这些计算机之间通过网络通信时更为方便，每台计算机默认隶属的工作组名为 WORKGROUP。

3. 设置 TCP/IP 属性

如果一台计算机要与网络上的其他计算机进行通信，必须要有 IP 地址。计算机获取 IP 地址的方式有如下两种。

（1）自动获得 IP 地址：计算机通过 DHCP 服务器自动获取 IP 地址。DHCP 是为网络中的计算机自动分配 IP 地址和其他有关配置的服务协议。DHCP 服务器自动为客户机分配地址池中的 IP 地址。自动获取 IP 地址方式可以减轻系统管理员手动设置的负担，并可以避免手动设置可能发生的错误。租用的 IP 地址有使用期限，租期过后，下次计算机启动租用到的 IP 地址可能会与前一次不同。

（2）手动设置 IP 地址：通常手动设置 IP 地址的场合为网络中没有DHCP 服务器、计算机运行的应用程序需 IP 地址保持不变、排查计算机网络连通性故障。

在如图 1-15 所示的对话框中设置 IP 地址、子网掩码、默认网关、首选 DNS 服务器等。

（1）IP 地址：按照计算机所在的网络环境指定 IP 地址进行设置。

（2）子网掩码：每个 IP 地址类都有一个默认的子网掩码，在子网掩码中，所有与网络 ID对应的位都设置为 1，所有与主机 ID 对应的位都设置为 0。

（3）默认网关：如果位于企业内部局域网的计算机要通过路由器来连接 Internet，则默认网关地址就是该路由器的局域网 IP 地址，否则保留空白不输入即可。

（4）首选 DNS 服务器：如果位于企业内部局域网的计算机要上网，可在此处输入 DNS 服务器的 IP 地址。

（5）备用 DNS 服务器：如果首选 DNS 服务器发生故障，计算机则会自动改用备用 DNS 服务器。

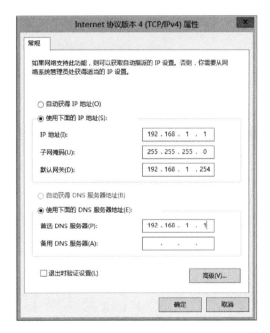

图 1-15

4. 设置 Windows 防火墙

Windows Server 2019 内置的 Windows 防火墙可以保护计算机，避免遭受外部恶意程序的攻击，根据不同的应用场合，可以启用或关闭 Windows防火墙。系统默认已经启动 Windows 防火墙，它会阻挡其他计算机与此计算机通信，如图 1-16 所示。

图 1-16

5. 设置环境变量

环境变量（environment variable）会影响计算机如何执行程序、查找文件、分配内容空间等工作方式。环境变量分为如下两类。

（1）系统变量：它会被应用到每一位在此计算机登录的用户，也就是所有用户的工作环境内部会有这些变量。只有具备系统管理员权限的用户，才有权利更改系统变量。建议不要随便修改此处的变量，以免系统不能正常工作。

（2）用户变量：每一个用户都可以拥有自己专属的用户变量，这些变量只会被应用到该用户，不会影响其他用户。

【任务实施】

1. Server1 的基本环境配置

（1）设置屏幕显示分辨率为 800×600 像素，选择"开始"→"设置"→"系统"→"显示"命令，在"显示"界面中的"分辨率"下拉列表中选择"800×600"像素，如图 1-17 所示。

（2）更改屏幕背景，选择"开始"→"设置"→"个性化"→"背景"命令，在"背景"界面的"选择图片"中选择相应图片，如图 1-18 所示。关闭背景设置界面。

微课实验 1-2
任务 2 配置
Windows 操作系统基本环境

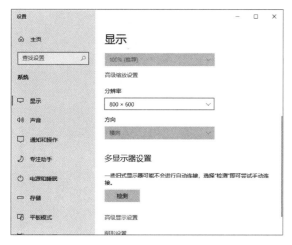

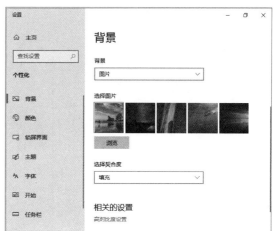

图 1-17　　　　　　　　　　　　　　　　　图 1-18

（3）更改计算机名

1）选择"开始"→"控制面板"→"系统和安全"→"系统"命令，在弹出的界面中单击"更改设置"按钮，如图 1-19 所示。

2）进入"系统属性"对话框，选择"计算机名"选项卡，单击"更改"按钮，如图 1-20 所示。

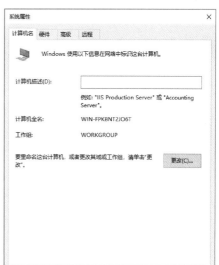

图 1-19　　　　　　　　　　　　　　　　　图 1-20

3）在图 1-21 所示的"计算机名/域更改"对话框中，在"计算机名"栏中输入计算机名为"Server1"，单击"确定"按钮完成更改。更改后的计算机名需重启系统方能生效。

（4）设置 IP 地址

1）选择"开始"→"设置"→"网络和 Internet"命令，打开图 1-22 所示的界面。

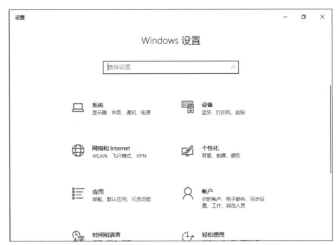

图 1-21   图 1-22

2）在"网络和 Internet"设置界面，选择"以太网"→"网络和共享中心"，如图 1-23 所示。

3）在"网络和共享中心"界面中，单击"Ethernet0"，如图 1-24 所示，打开"Ethernet0 状态"对话框。

图 1-23   图 1-24

4）在"Ethernet0 状态"对话框中，单击"属性"按钮，如图 1-25 所示。

5）在"Ethernet0 属性"对话框中，双击"Internet 协议版本 4（TCP/IPv4）"，如图 1-26 所示。

6）在"Internet 协议版本 4（TCP/IPv4）属性"对话框中，单击"使用下面的 IP 地址"单选按钮，在 IP 地址栏中输入"192.168.1.1"，在子网掩码栏中输入"255.255.255.0"，单击"确定"按钮，完成 IP 地址设置，如图 1-27 所示。

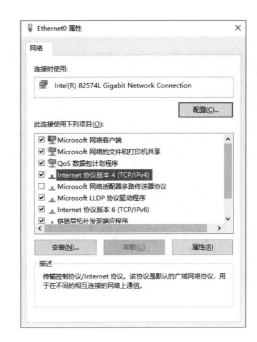

图 1-25　　　　　　　　　　　　　　　　　　　　图 1-26

7）在 cmd 命令行中，使用 ipconfig 命令查看计算机的 IP 地址设置情况，如图 1-28 所示。

图 1-27　　　　　　　　　　　　　　　　　　　　图 1-28

（5）关闭防火墙

1）选择"开始"→"控制面板"命令，进入"控制面板"界面，如图 1-29 所示。

2）在"控制面板"界面中选择"系统和安全"，如图 1-30 所示。

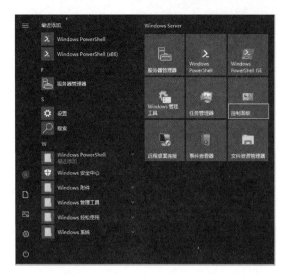

图 1-29　　　　　　　　　　　　　　　　　　　　　图 1-30

3）在"系统和安全"界面中，选择"Windows Defender 防火墙"，如图 1-31 所示。

图 1-31

4）在"Windows Defender 防火墙"界面中，单击"启用或关闭 Windows Defender 防火墙"按钮，如图 1-32 所示。

5）在"自定义设置"界面中的"专用网络设置"和"公用网络设置"栏中选择"关闭 Windows Defender 防火墙"选项后，单击"确定"按钮，完成防火墙的关闭，如图 1-33 所示。

图 1-32

图 1-33

（6）查看环境变量

1）选择"开始"→"控制面板"→"系统和安全"→"系统"→"高级系统设置"命令，打开"系统属性"对话框，如图 1-34 所示。

图 1-34

2）在"系统属性"对话框中，单击"环境变量"按钮，进入"环境变量"对话框，如图 1-35 所示。

3）在"环境变量"对话框中，可以查看到"Administrator 的用户变量"和"系统变量"，如图 1-36 所示。

图 1-35

图 1-36

2. Server2 的基本环境配置

参考"Server1 的基本环境配置"步骤，配置以下信息。

（1）使用 Administrator 账户登录 Server。

（2）更改计算机名为 Server2。

（3）设置 IP 地址为 192.168.1.2，掩码为 255.255.255.0。

（4）关闭防火墙。

（5）使用 Ping 命令，测试与服务器 1 的连通性。

3. 配置客户端计算机 Win10 的基本配置

参考"Server1 的基本环境配置"步骤，配置如下信息。

（1）使用 Win10 账户登录 Win10 虚拟机。

（2）更改计算机名为 Win10。

（3）设置 IP 地址为 192.168.1.10，掩码为 255.255.255.0。

（4）关闭防火墙。

（5）使用 ping 命令，测试与 Server1 虚拟机和 Server2 虚拟机的连通性。

任务 3　创建本地用户和组

创建本地用户和组

【任务目标】

在服务器上创建本地用户账号和组。

【任务场景】

为方便公司员工使用服务器，需在服务器上创建本地用户账号和组。在 Server1 服务器上创建本地用户 Luser1 和 Luser2，创建本地组 Lgroup，并将用户 Luser1 和 Luser2 添加到本地组 Lgroup 中。

【任务环境】

公司部署了局域网环境，有 2 台服务器和 1 台客户机，局域网网络 IP 地址为 192.168.1.0，掩码地址为 255.255.255.0。任务环境示意图如图 1-1 所示。

【知识准备】

1. 用户账号

在计算机网络中，计算机的服务对象是用户，用户通过账户访问计算机资源，每个用户都需要有一个账户，以便登录到域，从而访问网络资源，或登录到某台计算机访问该计算机上的资源。

账户由一个账户名和一个密码来标识，二者都需要用户在登录时输入。账户名是用户的文本标签，密码则是用户的身份验证字符串。账户通过验证后，登录工作组或域内的计算机上，通过授权访问相关的资源，也可以作为某些应用程序的服务账户。

（1）账户的命名规则如下：

微课 PPT-1-3 任务 3　创建本地用户和组

1）账户名必须唯一，可以不用区分大小写。

2）最多包含 20 个大小写字符和数字，可以输入超过 20 个字符，但只识别前 20 个字符。

3）不能使用保留字字符:"、/、\、[、]、:、;、|、=、,、+、*、?、<、>、@。

4）账户名不能只由句点（.）和空格组成。

5）可以是字符、字母和数字的组合。

6）账户名不能与被管理的计算机上的任何其他用户名或组名相同。

（2）为了维护计算机的安全，每个账户必须有密码，设置密码时应遵循如下规则。

1）必须为 Administrator 账户分配密码，以防止未经授权就使用。

2）密码长度最好 8~127。

3）使用不易猜出的字母组合，例如不要使用自己的名字、生日以及家庭成员的名字等。

4）密码可以使用大小写字母、数字和其他合法的字符，并且严格区分大小写。

5）密码最好不要为空白，若为空白，则系统默认此用户账户只能够本地登录，无法网络登录。

2. 内置本地账户

每台 Windows 计算机都有一个本地安全账户数据库（SAM），用户在使用计算机前必须登录该计算机，也需要提供有效的用户账户名与密码，而该用户账户就是建立在本地安全账户数据库内的账户,此账户被称为本地用户账户。

以下是两个重要的系统内置用户账户。

Administrator（系统管理员）：拥有最高的管理权限，可以利用该账户执行整台计算机的管理工作，如建立用户账户与组账户等。

Guest（来宾）：供没有账户的用户临时使用的账户，只有很少的权限，此用户默认是被禁用的。

3. 组账户

组账户是指具有相同或者相似特性的用户集合，当要给一批用户分配同一个权限时，就可以将这些用户归到一个组中，然后给这个组分配权限，组内的用户就都会拥有此权限。组是为了方便管理用户的权限而设计的。

在 Windows Server 2019 中，通过组来管理用户和计算机对共享资源的访问。如果赋予某个组访问某个资源的权限，这个组的用户都会自动拥有该权限。而将某个用户从组中删除，则该用户在该组中继承的权限即会随之撤销。

组具有如下特点。

1）允许一次性对组授予资源访问权限，而不是针对每个用户账户进行单独授权，从而简化了管理工作。

2）组可以嵌套，即可以将一个组添加到另外一个组中。

4. 内置本地组账户

系统内置的本地组本身都已经被赋予了一些权限，目的是让它们具备管理本地计算机或访问本地资源的能力。在此基础上，如果用户账户被加入到本地组内，其就具有该组所拥有的权限。以下列出一些常用的内置本地组账户。

Administrators：该组内的用户具备系统管理员的权限，拥有对这台计算机最大的控制权，可以执行整台计算机的管理工作。内置的系统管理员 Administrators 就隶属于该组，而且无法将它从该组内删除。

Backup Operators：该组内的用户可以通过 Windows Server Backup 工具备份与还原计算机内的文件，不论其是否有权限访问这些文件。

Guests：该组内的用户无法永久改变其桌面的工作环境，当其登录时，系统会为用户建立一个临时的工作环境（用户配置文件），而在注销时，此临时的环境就会被删除。该组默认的成员为用户账户 Guest。

Network Configuration Operators：该组内的用户可以执行常规的网络配置操作，如更改 IP 地址，但是不能安装、删除驱动程序与服务，也不能执行与网络服务器（如 DNS、DHCP 服务器）配置有关的操作。

Remote Desktop Users：该组内的用户可以从远程利用远程桌面登录本地计算机。

Users：该组内的用户只拥有一些基本权限，如执行应用程序、使用本地打印机等，但是不能将文件夹共享给网络上其他的用户，不能对计算机关机等。所有新建的本地用户账户都自动隶属于该组。

5. 特殊组账户

Windows Server 中还有一些特殊组，无法更改这些组的成员。以下列出几个常用的特殊组账户。

Everyone：所有用户都属于该组。如果 Guest 账户被启用，则为 Everyone 分配权限时需要注意，因为如果一位来宾用户通过网络登录用户的计算机时，其会被自动允许利用 Guest 账户来连接，此时因为 Guest 也是隶属于 Everyone 组，所以其将具有 Everyone 组所拥有的权限。

Authenticated Users：凡是利用有效账户登录此计算机的用户，都隶属于该组。

Interactive：凡是在本地登录（通过按 Ctrl +Alt +Delete 组合键登录）的用户，都隶属于该组。

Network：凡是通过网络登录此计算机的用户，都隶属于该组。

Anonymous Logon：凡是未利用有效的用户账户来连接的使用者（匿名用户），都隶属于该组。Anonymous Logon 默认不隶属于 Everyone 组。

【任务实施】

1. 创建本地用户账号

（1）使用 Administrator 账户登录 Server1 虚拟机。

笔 记

微课实验 1-3
任务 3 创建本地用户和组

（2）右击"开始"按钮，在弹出的菜单中选择"计算机管理"，进入计算机管理（本地）界面，选择"系统工具"→"本地用户和组"，如图 1-37 所示。

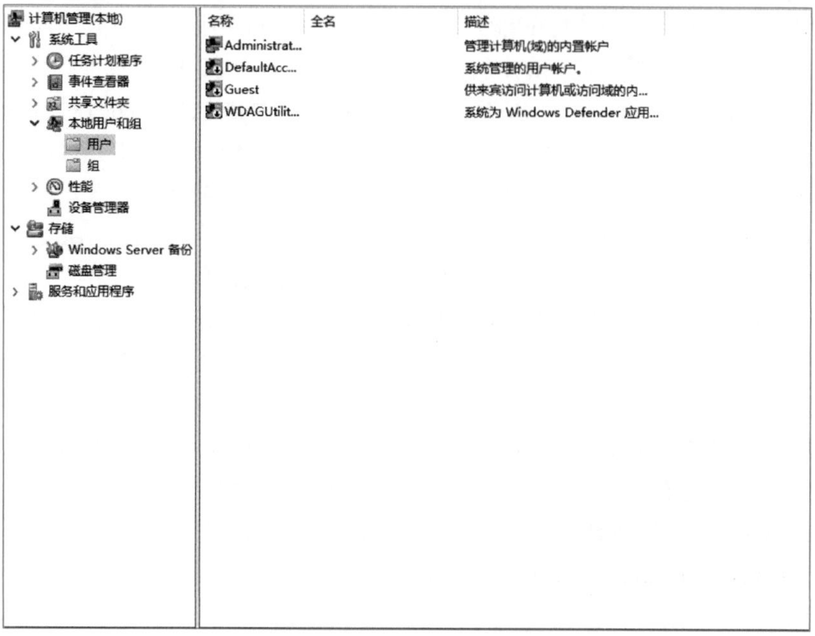

图 1-37

（3）右击"用户"，在弹出的快捷菜单中选择"新用户"，打开"新用户"对话框。在"新用户"对话框中设置用户名为 Luser1、密码为 Admin@123、用户描述为本地用户，并勾选"密码永不过期"复选框，单击"创建"按钮，如图 1-38 所示。

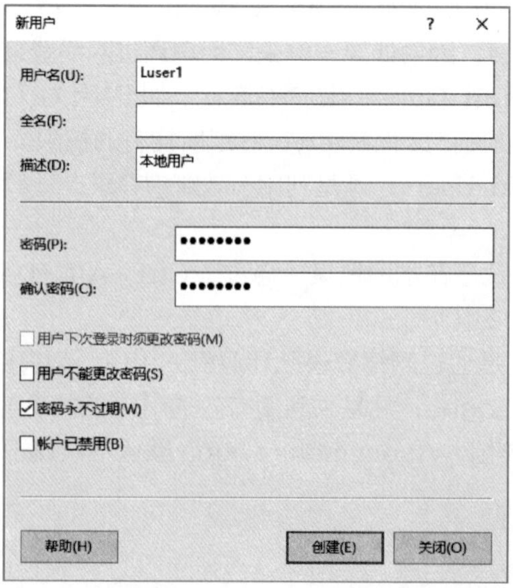

图 1-38

（4）按照步骤（3）创建本地用户 Luser2，登录密码为 Admin@123、用户描述为本地用户。

（5）选择"用户"，可查看添加新用户的内容信息，如图 1-39 所示。

笔 记

图 1-39

2. 创建本地用户组

（1）右击"组"，在弹出快捷菜单中选择"新建组"，打开"新建组"对话框。在"新建组"对话框中输入组名为 Lgroup、描述为"本地用户组"，单击"添加"按钮，如图 1-40 所示。

图 1-40

（2）单击"添加"按钮，打开"选择用户"对话框，在"输入对象名称来选择"文本框中分别输入"SERVER1\Luser1""SERVER1\Luser2"后，单击"检查名称"按钮，如图 1-41 所示，单击"确定"按钮将两个用户添加到组内。

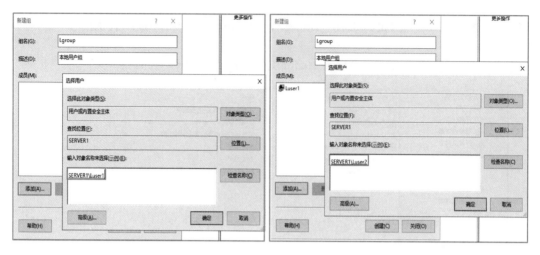

图 1-41

（3）确认两个用户已经在组内，单击"创建"按钮，如图 1-42 所示。

（4）选择"组"，查看新建组 Lgroup，如图 1-43 所示。

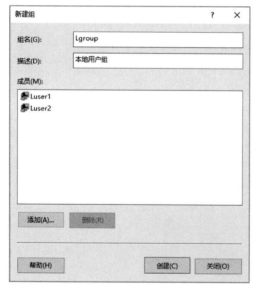

图 1-42

图 1-43

3. 查看用户属性

（1）选择"用户"，右击 Luser1 用户，在弹出的快捷菜单中选择"属性"，在打开的对话框中选择"常规"选项卡，可以查看用户名信息，如图 1-44 所示。

（2）切换至"隶属于"选项卡，可以查看到用户隶属的组名，如图 1-45 所示。

图 1-44

图 1-45

单元练习

单元练习

case

1. 选择题

（1）以下对 Windows Server 2019 企业版硬件要求的描述中，错误的是（　　）。

    A. CPU 速度最低 1.4 GHz（x64）

    B. 内存最低 512 MB，推荐不小于 2 GB

    C. 显示设备支持超级 VGA

    D. 硬盘可用空间不小于 10 GB，推荐 40 GB 以上

（2）Windows Server 2019 安装完成后，第一次登录时可以使用的用户账户是（　　）。

    A. 只能是 administrator

    B. 可以是 administrator 组中的任一个账户

    C. 可以是在安装系统时创建的任意一个默认的用户账户

    D. 可以是 administrator 或 guest

（3）安装 Windows Server 2019 系统时，默认安装的磁盘分区为（　　）分区。

    A. NTFS   B. FAT32   C. FAT16   D. 以上都不对

（4）以下选项中不属于网络操作系统范畴的是（　　）。

    A. UNIX   B. DOS   C. Linux   D. Windows Server 2019

2. 问答题

（1）简述 Windows Server 2019 操作系统各个版本的特点。

（2）列举 Windows Server 2019 操作系统内置的常用本地组。

单元 2

安装和配置 Active Directory 域

学习目标

【知识目标】

- 了解 Active Directory 域服务
- 了解 Active Directory 的逻辑结构和物理结构
- 了解 Active Directory 对象
- 了解域功能级别
- 了解组织单位及层次结构
- 了解域用户账户、组账户和计算机账户

【技能目标】

- 掌握域控制器的安装
- 掌握组织单位的创建和控制委派
- 掌握域用户和组的创建
- 掌握计算机加入域的方法和步骤

【素养目标】

- 具备分析问题和解决问题的能力
- 具备沟通与团队协作的能力
- 具备计算机操作系统运维与管理的能力
- 具备良好的职业道德和敬业精神

教学导航

知识重点	Active Directory 的安装与管理
知识难点	Active Directory 的安装和配置过程
推荐教学方式	从工作任务入手，通过 Active Directory 域的安装和配置，让读者从直观到抽象，逐步理解如何创建域控制器、如何创建域用户和组以及如何加入域，并掌握 Active Directory 的安装、配置和管理
建议学时	6 学时
推荐学习方法	动手完成任务，在任务中逐渐了解 Active Directory 的安装、配置与管理，并掌握 Active Directory 的工作过程

创建第一台域控制器

任务 1　创建第一台域控制器

【任务目标】

在服务器上安装 Active Directory，创建网络中第一台域控制器。

【任务场景】

公司新购买了一批服务器，需要部署域网络基础架构，按照项目计划，将在 Server1 服务器上创建第一台域控制器，域名为 gky.com。

【任务环境】

公司部署了基于域的网络基础架构，Server1 服务器为域控制器，Server2 服务器为成员服务器，Win10 为客户端计算机。任务环境示意图如图 2-1 所示。

域控制器
主机名: Server 1
域名: gky.com
IP地址: 192.168.1.1/24

成员服务器
主机名: Server 2
IP地址: 192.168.1.2/24
DNS地址: 192.168.1.1

客户端计算机
主机名: Win10
IP地址: 192.168.1.10/24

图 2-1

【知识准备】

微课 PPT-2-1
任务 1　创建第一台域控制器

1. Windows Server 2019 组网方式

利用 Windows Server 2019 组建网络，可以将网络上的资源共享给其他用户，Windows Server 2019 支持工作组网络和域网络两种组网方式。

（1）工作组网络

工作组网络就是将不同的计算机按功能分别列入不同的组中,如财务部的计算机都列入"财务部"工作组中，人事部的计算机都列入"人事部"工作组中。

工作组网络是对等网络，网络中的主机之间是平等的、互不干涉，工作组的每一台计算机都是独立自主的，用户账户和权限信息保持在本机内。任何一台主机既是客户机，也可以充当服务器，用户访问对方主机时需要使用被访问主机上配置的用户账户和密码，通过被访问主机验证后才能访问。如果网络中只有一台服务器，那么只要在这台服务器上为 N 个用户分别创建账户，并为每个账户授予资源访问权限。但如果网络中有 M 台服务器，为了网络中的用户能够访问到所有的资源，就需要创建 $M \times N$ 个账户，而用户需要在 M 台计算机上登录，如图 2-2 所示。如果企业内的服务器不多，则可以采用工作组组网方式。

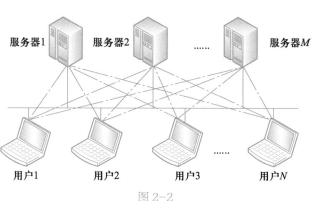

图 2-2

（2）域网络

在域网络中，至少有一台服务器用于存储用户的信息，这台服务器称为域控制器，该域控制器上安装了活动目录（Active Directory），活动目录是用户和计算机等对象的数据库。网络中的服务器和客户机都加入同一个域，用户在域中只要拥有一个账户，用该账户和密码登录，如果在域控制器上通过身份验证，将取得一个域控制器签名的票据，有了这个票据，用户就可以访问域中的任何一台服务器上的资源。在每一台存放资源的服务器上并不需要为每一个用户创建账户，而只需要把访问资源的权限分配给用户在域中的账户即可，如图 2-3 所示。

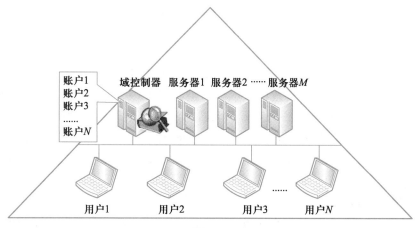

图 2-3

2. 活动目录基本概念

活动目录（Active Directory）是以数据库的形式保存在网络上的一些特定计算机上，这个数据库就是活动目录数据库。Active Directory 域服务（Active Directory Domain Services，ADDS）是针对越来越复杂的网络管理环境而推出的"目录服务（Directory Service）"解决方案。Active Directory 存储有关网络上对象包括应用程序、文件、打印机、计算机、用户账户等的信息，并让用户和网络管理员可以使用这些信息；Active Directory 允许网络用户使用单点登录来访问网络中任意位置的许可资源；Active Directory 为网络管理员提供了直观的网络层次视图和对所有网络对象的单点管理。

在 Windows Server 2019 的网络环境下使用 Active Directory 域服务的主要优点是：允许网络用户利用"单点登录"（Single Sign On，SSO）；通过目录服务架构使用安全的方式来搜寻与访问所有被授权访问的网络资源；提供了一个安全有效率的集中管理的机制与架构。

3. 活动目录的逻辑结构

活动目录逻辑结构主要是指网络中所有用户、计算机及其他网络资源的层次关系，活动目录的逻辑结构包括：组织单位、域、域树和林。

（1）组织单位

组织单位（Organizational Unit，OU）是一个容器对象，OU 可以包含各种对象，如用户账户、用户组、计算机、打印机等，也可以包括其他组织单位。OU 通常是基于管理需求，将具有相同属性（如同一个部门、同一小组、同一种类型的对象）的对象集中在一起管理所形成的逻辑管理单位。可以使用 OU 作为域"委派管理"的基本单位。在企业中，管理员可以依据部门、功能、地理位置等划分组织单位，组织单位可以嵌套形成各种层次型结构，如图 2-4 所示。

（2）域

域是活动目录逻辑架构中的核心组件，活动目录可以贯穿一个或多个域。域的一个重要特性就是 Active Directory 域服务的安全设置和权限管理的边界，在 Active Directory 域服务的环境中，访问控制列表（Access Control List，ACL）管理域内对象的访问，ACL 控制用户对象执行何种类型的访问动作，而安全策略、权限管理设置通常都是以域为边界设置范围的。因此，在域内所设置的任何权限，其效用并不会跨越到另外一个域，所以域是 Active Directory 域服务的安全设置边界。而域的另一个重要特性是为活动目录复制的基本单位，即当域控制器的活动目录数据库发生变化时，则该域控制器只会通知同一个域的其他域控制器进行复制，以确保域内活动目录数据库的一致性。换言之，所有域内的域控制器都会参与复制活动目录的工作，并维护一份活动目录数据库副本。

活动目录的域名采用 DNS 格式来命名，如可以把域名命名为 xyz.com 等。图 2-5 所示就是一个域。

图 2-4

图 2-5

（3）域树

　　域树由多个域组成，这些域共享同一表结构和配置，形成一个连续的名字空间，树中的域通过信任关系连接起来，活动目录包含一个或多个域树，如图 2-6 所示。例如，公司最上层的域名为 xyz.com，它是这棵域树的根域，它在亚洲和欧洲各有一个分部，把分部的网络构建成两个子域：asia.xyz.com 和 europe.xyz.com。asia 是 xyz.com 的子域，而 xyz.com 是 asia.xyz.com 的父域，父域与子域之间是双向信任关系。如果 asia.xyz.com 下又有许多分支办事处或分部，那么这个分部以 asia.xyz.com 为父域，构建下一层子域，如cn.asia.xyz.com。

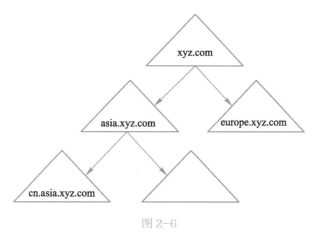

图 2-6

（4）林

　　"林"的定义是"由一棵或一棵以上的域树所组成的不连续的名字空间区域"，它与域树最明显的区别就在于这些域树之间没有形成连续的名字空间。一个域林内可以包含多个域树，而每个域树有独立的名称空间。虽然组成林的不同域树，它们的名称并不共享根域的域名，但可以通过在域间自动建立的信任关系来达成资源共享的目的，如图 2-7 所示。

双向、可传递信任

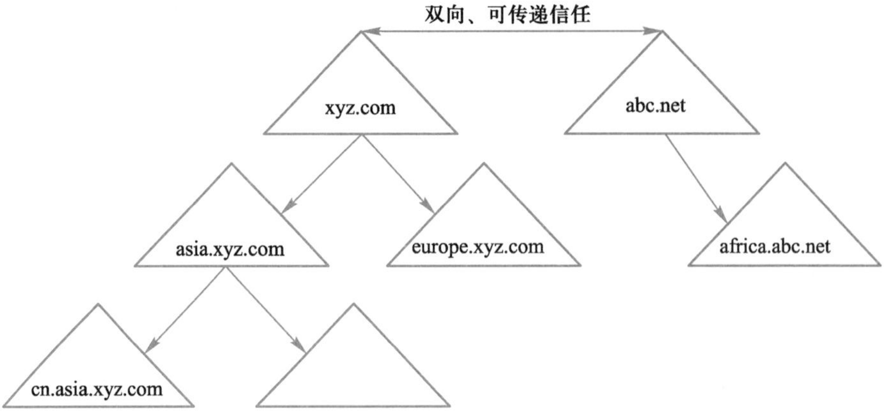

图 2-7

4. 活动目录的物理结构

活动目录的物理结构和逻辑结构有很大的不同，它们是彼此独立的两个概念。逻辑结构侧重于网络资源的管理，而物理结构侧重于活动目录信息的复制和用户登录网络时的性能优化。物理结构的两个重要的概念是域控制器和站点。

（1）域控制器

Active Directory 域服务的活动目录数据库存放在域控制器（Domain Controller）内。一个域可以有多台域控制器，每台域控制器是平等的，它们各自存储着一份完全相同的活动目录。当在任何一台域控制器内添加一个用户账户后，此账户默认被创建在此域控制器的活动目录，之后会自动被复制到其他域控制器的活动目录，以便让所有域控制器内的活动目录数据都能够同步。

域控制器也负责用户的登录过程以及其他与域有关的操作，如身份鉴定、目录信息查找等。多台域控制器可以提供冗余功能，如其中一台域控制器出现了故障，此时仍然能够由其他域控制器来继续服务。另外，多台域控制器也可以改善用户登录效率，因为多台域控制器可以分担审核用户登录身份（账户名和密码）的负载。

通常，域控制器的活动目录数据库是可以被读写的，除此之外，还有一种只读域控制器，其活动目录数据库是只可以读取、不可以修改的。例如，某子公司的网络安全措施没有总公司完备的情况下，为了安全起见，可以设置一台只读域控制器。

（2）站点

站点由一个或多个 IP 子网组成，这些子网通过高速网络设备连接在一起，如图 2-8 所示。站点往往由企业的物理位置分布情况决定，可以依据站点结构配置活动目录的访问和复制拓扑关系，这样能使得网络更有效地连接，并且可使复制策略更合理，用户登录更快速。活动目录中的域与站点是两个完全独立的概念，域是逻辑的分组，而站点是物理的分组，一个站点中可以有多个域，多个站点也可以位于同一域中。

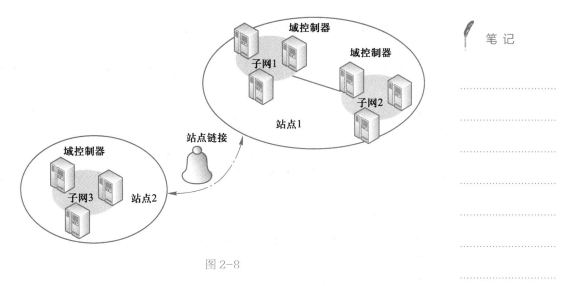

图 2-8

5. 全局编录

同一域林中的域控制器共享一个活动目录，这个活动目录是分散存放在各个域的域控制器上的，每个域中的域控制器保存有该域的对象信息。

如果一个域的用户要访问另一个域中的资源，该用户需要能够查找到另一个域中的资源才行。为了让每一个用户都能够快速查找到另一个域内的对象，需要配置一个全局编录（Global Catalog，GC）服务器。

全局编录包含了整个活动目录中每一个对象的最重要的属性，即部分属性，而不是全部，往往是在查询过程中访问最为频繁的属性。利用这些信息，使得用户或者应用程序即使不知道对象位于哪个域内，也可以迅速找到被访问的对象。而全局编录服务器是一个域控制器，它保存了全局编录的一份副本，并执行对全局编录的查询操作。全局编录服务器可以提高活动目录中大范围内对象检索的性能，如在域林中查询所有的打印机操作。如果没有一个全局编录服务器，那么该查询操作必须要调动域林中每一个域的查询过程。如果域中只有一个域控制器，那么它就是全局编录服务器，如果有多个域控制器，那么管理员必须把一个域控制器配置为全局编录控制器。

6. 域功能级别与林功能级别

随着新操作系统的诞生，其所带来的新功能不断增加，Active Directory域服务将域与林划分为不同的功能级别，新功能级别支持新功能的应用。

（1）域功能级别

Active Directory 域服务的域功能级别设置只会影响到该域，不会影响到其他域。域功能级别分为以下几种模式。

• Windows Server 2008：域控制器可以是 Windows Server 2008 或新版本。

• Windows Server 2008 R2：域控制器可以是 Windows Server 2008 R2 或新版本。

• Windows Server 2012：域控制器只能是 Windows Server 2012 或新版本。

• Windows Server 2012 R2：域控制器只能是 Windows Server 2012 R2 或新版本。

• Windows Server 2016：域控制器只能是 Windows Server 2016 或新版本。

其中，新的 Windows Server 2016 级别拥有 Active Directory 域服务的所有功能。用户可以提升域功能级别，如可以将 Windows Server 2012 R2 提升到 Windows Server 2016。

（2）林功能级别

Active Directory 域服务的林功能级别设置会影响到该林内所有域。林功能级别分为以下几种模式。

• Windows Server 2008：域控制器可以是 Windows Server 2008 或新版本。

• Windows Server 2008 R2：域控制器可以是 Windows Server 2008 R2 或新版本。

• Windows Server 2012：域控制器只能是 Windows Server 2012 或新版本。

• Windows Server 2012 R2：域控制器只能是 Windows Server 2012 R2 或新版本。

• Windows Server 2016：域控制器只能是 Windows Server 2016 或新版本。

其中，新的 Windows Server 2016 级别拥有 Active Directory 域服务的所有功能。用户可以提林功能级别，如可以将 Windows Server 2012 R2 提升到 Windows Server 2016。不同的林功能级别有不同的特性，见表 2-1。

表 2-1

林功能级别	支持的域功能级别
Windows Server 2008	Windows Server 2008、Windows Server 2008 R2、Windows Server 2012、Windows Server 2012 R2、Windows Server 2016
Windows Server 2008 R2	Windows Server 2008 R2、Windows Server 2012、Windows Server 2012 R2、Windows Server 2016
Windows Server 2012	Windows Server 2012、Windows Server 2012 R2、Windows Server 2016
Windows Server 2012 R2	Windows Server 2012 R2、Windows Server 2016
Windows Server 2016	Windows Server 2016

注：Windows Server 2019 并未添加新的域功能级别和林功能级别。

7. 安装域控制器的基本配置条件

在将 Windows Server 2019 升级为域控制器之前，需要注意以下事项。

（1）域名：请事先想好一个符合 DNS 格式的域名，如 gky.com。

（2）DNS 服务器：由于域控制器需要将自己注册到 DNS 服务器内，以便让其他计算机通过 DNS 服务器来找到这台域控制器。可以使用现有的 DNS 服务器，也可以在域控制器升级过程中让系统自动在这台服务器上安装 DNS 服务器角色。

（3）文件系统：活动目录必须安装在 NTFS 分区，因此 Windows Server 2019 所在的分区必须是 NTFS。

（4）活动目录数据库存放位置：域控制器需要如下 3 个有关的数据存储在本地磁盘内。

1）活动目录数据库，用来存储活动目录对象；

2）日志文件，用来存储活动目录数据库的改动日志；

3）SYSVOL 文件夹，用来存储组策略有关的设置。

**【任务实施】**

微课实验 2-1
任务 1　创建第
一台域控制器

将 Server1 服务器升级为域控制器（安装 Active Directory 域服务），因为它是第一台域控制器，因此该升级操作同时完成以下工作。

- 建立第一个新林。
- 建立此新林中的第一棵域树。
- 建立此新域树中的第一个域。
- 建立此新域中的第一台域控制器。

将通过 Windows Server 2019 提供的向导以图形化界面执行 Active Directory 域服务的安装，将 Server1 升级为网络中的第一台域控制器。

（1）使用 Administrator 账户登录 Server1 虚拟机。

（2）在"服务器管理器"中选择"仪表板"→"添加角色和功能"。

（3）在"添加角色和功能向导"窗口持续单击"下一步"按钮，直到出现"选择服务器角色"界面，勾选"Active Directory 域服务"复选框，弹出"添加角色和功能向导"对话框，单击"添加功能"按钮。返回"选择服务器角色"界面时，单击"下一步"按钮，如图 2-9 所示。

（4）在"添加角色和功能向导"窗口持续单击"下一步"按钮，直到出现"确认安装所选内容"界面，勾选"如果需要，自动重新启动目标服务器"复选框，单击"安装"按钮，如图 2-10 所示。

（5）系统进行功能安装，在"查看安装进度"对话框中显示"需要配置，已在 Server1 上安装成功"后，选择"将此服务器提升为域控制器"选项。

（6）在"Active Directory 域服务器配置向导"窗口中的"部署配置"界面，选择"添加新林"选项，在"根域名"项中输入 gky.com，单击"下一步"按钮。

图2-9   图2-10

（7）在"域控制器选项"界面的"键入目录服务还原模式（DSRM）密码"文本框中输入密码Admin@123，如图2-11所示，单击"下一步"按钮。

注释：

• 选择林功能级别、域功能级别：此处选择林功能级别、域功能级别最高为Windows Server 2016，此时默认选择Windows Server 2016。

• 默认会直接在此服务器上安装DNS服务器。

• 第一台域控制器必须是"全局编录服务器"。

• 第一台域控制器不能是"只读域控制器（RODC）"。

• 设置"目录服务还原模式"的系统管理员密码：目录服务还原模式（目录服务修复模式）是一个安全模式，进入此模式可以修复AD DS数据库。可以在系统启动时按F8键来选择此模式，但须输入此处所设置的密码。

（8）在"DNS选项"界面中，出现"无法创建该DNS服务器的委派"警告信息时，直接单击"下一步"按钮。

（9）在"其他选项"界面中，安装程序会依照默认的命名规则自动为此域设置NetBIOS名称，出现名称"GKY"后，单击"下一步"按钮。

（10）在"路径"界面中，单击"下一步"按钮，如图2-12所示。

图2-11   图2-12

注释：

● 数据库文件夹：存储 AD DS 数据库。

● 日志文件文件夹：存储 AD DS 数据库的更改记录，利用日志文件可对 AD DS 数据库进行修复操作。

● SYSVOL 文件夹：用来存储域共享文件夹（如组策略相关的文件）。

（11）在"查看选项"界面中，单击"下一步"按钮。

（12）在"先决条件检查"界面中（图 2-13），出现"所有先决条件检查都成功通过。请单击'安装'开始安装"的信息，单击"安装"按钮，否则请根据界面提示先排除问题。在"安装"界面中会进行安装，安装完成后系统会自动重启。

图 2-13

（13）使用域管理员账户 GKY\administrator 登录系统，登录密码为 Admin@163。

（14）验证域控制器是否安装正确。

1）单击"服务器管理器"右上方的"工具"按钮，选择"Active Directory 用户和计算机"，打开"Active Directory 用户和计算机"窗口，如图 2-14 所示，检查域控制器是否安装正确。

2）单击"服务器管理器"右上方的"工具"按钮，选择"DNS"，打开"DNS 管理器"窗口，如图 2-15 所示，检查 DNS 服务器记录是否正确。

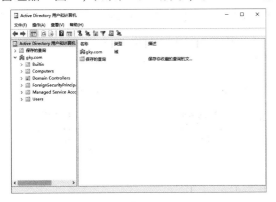

图 2-14

图 2-15

任务 2 创建和管理组织单位

创建和管理组织单位

【任务目标】

（1）在活动目录中创建组织单位。
（2）委派管理员管理组织单位。

【任务场景】

在 gky.com 域中，创建组织单位"行政部""市场部""信息系统部"，创建信息系统部管理员域账户 ITadmin、市场部管理员域账户 Madmin、行政部管理员域账户 Sadmin，并委派 Sadmin 管理"行政部"组织单位，具备创建、删除和管理用户账户和组的权限；委派 Madmin 管理"市场部"组织单位，具备创建、删除和管理用户账户和组的权限；委派 ITadmin 管理"信息系统部"组织单位，对该组织单位的计算机、组、用户等对象有完全控制权限。

【任务环境】

公司部署了基于域的网络基础架构，Server1 服务器为域控制器，Server2 服务器为成员服务器，Win10 为客户端计算机。任务环境示意图如图 2-1 所示。

微课 PPT-2-2
任务 2 创建和管理组织单位

【知识准备】

1. 组织单位概述

组织单位是用来管理用户、组、计算机和其他组织单位的 Active Directory 目录服务的容器。通过使用组织单位，可以在域中创建若干容器来标识公司网络架构中的层次结构和逻辑结构，然后根据组织模型管理账户和资源的配置与使用。例如，可以使用组织单位在 Active Directory 中自动应用组策略，用来定义用户和计算机账户默认设置。在企业网络中，可以依据功能、组织和地理位置设计组织单位，为适应多变的企业需求，也可以先按照地理位置，再按照组织结构划分的嵌套型层次结构，或者任何结构的其他组合。混合的组织结构从多个区域组合资源，以满足组织的需要，如图 2-16 所示。

图 2-16

2. 使用组织单位的作用

组织单位可以用于如下方面。

（1）在域中组织对象：组织单位包含域对象，如用户、计算机账户和组、发布到 Active Directory 中的文件和打印机共享也位于组织单位之中。

（2）委派管理控制：可以为组织单位中的所有对象分配完整的管理控制权限（如"完全控制"权限），也可以为组织单位中的用户对象分配受限制的管理控制权限（如修改电子邮件信息的权限）。委派管理控制就是将组织单位和组织单位中的对象的特定权限分配给一个或多个用户和组。

（3）简化通用分组资源的管理：虽然可以在 Active Directory 各个对象的单独属性上委派管理权限，但使用组织单位委派管理权限更为常见。用户可以拥有域中某个或所有组织单位的管理权限。通过组织单位，可以在域中建立代表组织层次结构或逻辑结构的容器，再根据组织模型管理账户和资源的配置及使用。

3. 组织单位的委派控制

建立组织单位的主要目的是通过向其他管理员委派管理控制，分散组织的管理任务。采用分散的管理模型时，委派就显得特别重要。管理委派是将核心管理员对组织单位的管理责任分散到其他管理员的过程。Active Directory 的重要安全特性之一就是具有授予单个组织单位访问权的能力，这样就可以控制对组织的最底层的访问，而不需要创建许多 Active Directory 域。在站点级别进行的授权时，有可能会跨多个域，也有可能不包括域中的目标。在域级别委派的权限将影响域中的所有对象。在组织单位委派的权限会影响此对象和它的所有子对象，或者只影响对象本身。

委派管理控制的目的在于向组织提供服务和数据的管理自治，或者用于隔离组织中的服务和数据。这样，无须具有广泛权限（如对整个域）的管理账户，但仍然使用预定义的 Domain Admins 组管理整个域。

Windows Server 2019 包含可用于委派管理控制权的具体权限和用户权限。通过组合使用组织单位、组和权限，可以为特定的用户分配管理权限，使其在整个域、域中所有的组织单位或单个组织单位中拥有合适的管理权限。

4. 组织单位的管理任务

组织单位按照类型对 Active Directory 对象进行分组，如用户、组和计算机，这样就能够有效地管理它们。管理员在 Active Directory 中执行如下例行任务。

（1）更改特定容器的属性。例如，当有新软件包可用时，管理员便可以创建控制软件分发的组策略。

（2）创建和删除制定类型的对象。在一个组织单位中，制定的类型可能包括用户、组和打印机。例如，当新雇员加入公司时，就要为此雇员创建用户账户，然后把雇员添加到合适的组织单位或组中。

（3）更新组织单位中指定类型对象的特定属性。例如，更新属性包括重设密码和更改雇员个人信息（如雇员搬家时需更改的家庭住址和电话号码等）的任务。

5. 组织单位委派的管理权限

在 Windows Server 2019 中，组织单位可以通过以下两种方式委派管理权限。

（1）可以使用"委派控制向导"在组织单位级别上授予用户的管理控制权，具体说明见表 2-2。

表 2-2

选项	说明
选定的用户和组	需要委派控制的用户账户或组
要委派的任务	常见任务列表或自定义任务选项。当选择一个常见任务时，委派过程完成后向导会汇总所有选择的任务。当选择进行自定义任务时，向导将显示供选择的 Active Directory 对象类型和权限
Active Directory 对象类型	指定的组织单位中的所有对象或特定对象类型
权限	需要授予的对象权限

（2）通过对象的权限列表授予用户管理控制权限。

Active Directory 中每个对象都有一个安全权限列表（DACL），DACL 定义了可以访问该对象的用户，以及每个用户可以在该对象上执行的特定操作，也可以通过在 DACL 上赋予特定用户或组标准权限和特殊权限达到委派的目的。

微课实验 2-2
任务 2　创建和管理组织单位

【任务实施】

1. 创建组织单位

（1）选择 Server1 虚拟机，以域管理员 GKY\Administrator 账户登录到系统。

（2）单击"服务器管理器"右上方的"工具"按钮，选择"Active Directory 用户和计算机"，进入"Active Directory 用户和计算机"窗口。

（3）展开"gky.com"域，右键单击"gky.com"域，右击，在弹出的菜单中选择"新建"→"组织单位"，依次创建"行政部""市场部"和"信息系统部"。

2. 创建组织单位管理员账户

依次为组织单位"信息系统部"创建管理员账户 ITadmin，组织单位"市场部"创建管理员账户 Madmin，组织单位"行政部"创建管理员账户 Sadmin。

（1）展开"gky.com"域，定位到"信息系统部"组织单位，右击，在弹出的菜单中选择"新建"→"用户"，创建账户 ITadmin，密码为 Admin@123，勾选"密码永不过期"。如图 2-17 所示，单击"下一步"按钮，然后单击"完成"按钮。

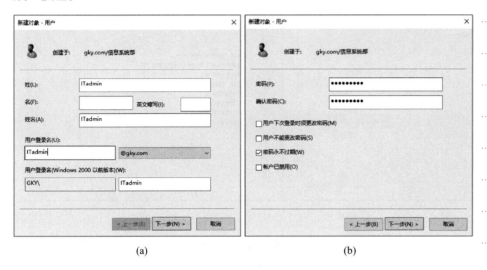

(a)　　　　　　　　　　(b)

图 2-17

（2）参照上述步骤（1），在组织单位"行政部"创建用户 Sadmin。

（3）参照上述步骤（1），在组织单位"市场部"创建用户 Madmin。

3. 给组织单位委派管理员

委派 Sadmin 用户管理"行政部"组织单位，具备创建、删除和管理用户账户和组的权限；委派 Madmin 用户管理"市场部"组织单位，具备创建、删除和管理用户账户和组的权限；委派 ITadmin 用户管理"信息系统部"组织单位，对该组织单位的计算机、组、用户等对象有完全控制权限。

（1）在"Active Directory 用户和计算机"窗口中，定位到"行政部"，右击，在弹出的菜单中选择"委派控制"，打开"控制委派向导"对话框。

（2）单击"下一步"按钮到"用户或组"界面，单击"添加"按钮，打开"选择用户、计算机或组"对话框，在"输入对象名称来选择"中输入 Sadmin，然后单击"检查名称"按钮，如果输入内容出现下画线，则表示输入对象名称正确；如果出现"找不到名称"对话框，则表示输入对象名称错误，可按照对话框提示内容进行修改输入，直到输入对象名称正确为止，单击"确定"按钮，返回"控制委派向导"对话框的"用户或组"界面，如图 2-18 所示，单击"下一步"按钮。

（3）在"要委派的任务"界面中选择"委派下列常见任务"单选按钮，勾选"创建、删除和管理用户账户"和"创建、删除和管理组"复选框，如图 2-19 所示。单击"下一步"按钮，在"完成控制委派向导"界面中单击"完成"按钮。

图 2-18　　　　　　　　　　　　　　　　　　图 2-19

（4）重复以上步骤，完成委派 Madmin 管理"市场部"组织单位，并具备创建、删除和管理用户账户和组的权限。

（5）定位到"信息管理部"组织单位，右击，在弹出的菜单中选择"委派控制"，打开"控制委派向导"对话框。

（6）单击"下一步"按钮到"用户或组"界面，单击"添加"按钮，打开"选择用户、计算机或组"对话框，输入对象名称为 ITadmin，单击"检查名称"，单击"确定"按钮返回"用户或组"界面，单击"下一步"按钮。

图 2-20

（7）在"要委派的任务"界面中，选择"创建自定义任务去委派"选项，单击"下一步"按钮。

（8）在"Active Directory 对象类型选择"界面中，选中"只是在这个文件夹中的下列对象"单选按钮，在列表框中勾选"用户 对象""组 对象"和"计算机 对象"复选框，然后勾选"在这个文件夹中创建所选对象""删除这个文件夹中的选择的对象"复选框，如图 2-20 所示，单击"下一步"按钮。

（9）在"权限"界面中，默认勾选"常规"复选框和"完全控制"复选框，单击"下一步"按钮，在"完成控制委派向导"界面中单击"完成"按钮。

任务 3　创建域用户、组和计算机账户

创建域用户、组和
计算机账户

PPT

▶【任务目标】

（1）在活动目录中创建域用户账户。

（2）在活动目录中创建组账户。

（3）将成员服务器和客户计算机加入域。

▶【任务场景】

在组织单位"信息系统部"中，创建域用户账户 ITadmin、ITuser1、ITuser2，创建全局组 GGITgroup 和本地域组 DLGITGroup，将域用户 ITadmin、ITuser1、ITuser2 添加到全局组 GGITgroup 中，将全局组 GGITgroup 加入本地域组 DLGITgroup。

微课 PPT-2-3
任务 3　创建域用
户、组和计算机账户

在组织单位"市场部"中，创建域用户账户 Madmin、Muser1、Muser2，创建全局组 GGMgroup 和本地域组 DLGMGroup，将域用户 Madmin、Muser1、Muser2 添加到全局组 GGMgroup 中，将全局组 GGMgroup 加入本地域组 DLGMgroup。

在组织单位"行政部"中，创建域用户账户 Sadmin、Suser1、Suser2，创建全局组 GGSgroup 和本地域组 DLGSGroup，将域用户 Sadmin、Suser1、Suser2 添加到全局组 GGSgroup 中，将全局组 GGSgroup 加入本地域组 DLGSgroup。

将成员服务器 Server2 和客户端计算机 Win10 加入 gky.com 域中。

▶【任务环境】

公司部署了基于域的网络基础架构，Server1 服务器为域控制器，Server2 服务器为成员服务器，Win10 为客户端计算机。任务环境示意图如图 2-1 所示。

▶【知识准备】

1. 域用户账户

域用户账户对应域模式网络，域用户账户和密码存储在域控制器上 Active Directory 数据库中，被域控制器集中管理。用户可以利用域用户账户和密码登录域，访问域内资源。域用户账户一旦建立，会自动地被复制到同域中的其他域控制器上。复制完成后，域中的所有域控制器都能在用户登录时提供身份验证功能。

2. 域用户账户属性

在网络中，可将用户账户属性当作了解用户信息的唯一来源，就像使用电话簿一样，也可根据办公室、主管、部门名称等条件搜索用户。域用户账户的属性选项卡如图 2-21 所示，域用

图 2-21

户账户的主要属性见表 2-3。

表 2-3

选项卡	属性
常规	姓名、描述、办公室、电话号码、电子邮件地址、网页等
地址	街道地址、邮箱、城市、州或省、邮政编码和国家
账户	登录名、账户选项、解锁账户、账户过期
配置文件	配置文件路径和主文件夹
电话	家庭电话号码、寻呼机号码、移动电话号码、传真号码和 IP 电话号码
单位	职务、部门、经理和直接下属
隶属于	用户所属的组
拨入	远程访问权限、回叫选项和静态 IP 地址与路由
环境	终端服务用户登录时启动的一个或多个应用程序以及连接的设备
会话	终端服务设置
远程控制	终端服务远程控制设置
终端服务配置文件	用户的终端服务配置文件

3. 组的类型

在 Active directory 中，组的特征体现在它们的作用域和类型上。组作用域确定组在域树或林内的应用程度。组类型确定可以使用组来分配共享资源的权限（对于安全组），还是仅将组用于电子邮件分发列表（对于通信组）。

（1）在 Active Directory 中，根据权限的不同，组可以分为安全组和通信组。

1）安全组。安全组可以用于为用户组和计算机组指派用户权利和权限。权利决定了安全组的成员在域树或林中允许进行的操作，而权限决定了组成员在网络中可以访问的资源。

2）通信组。通过电子邮件程序（如 Microsoft exchange 等），可以将电子邮件发送至一组用户。通信组的主要用途是归类相关对象，而不是授权。通信组不启用安全控制，这意味着它们不能用于指派权限。

（2）在 Active Directory 中，根据作用域的不同，组可以分为本地域组、全局组和通用组。

1）本地域组。它主要被用来分配对其所属域内资源的访问权限，以便可以访问该域内的资源。本地域组仅能在域内为这些组的成员分配权限。

具有本地域作用域的组帮助用户定义和管理单一域内的资源访问权限。这些组的成员可以包括下列组。

- 具有全局作用域的组。
- 具有通用作用域的组。
- 账户。
- 具有本地域作用域的其他组。
- 上面任意组的组合。

2）全局组。全局组的成员可以只包括组定义所在域的其他组和账户。可以在林中的任何域为这些组成员分配权限。

使用具有全局作用域的组来管理需要进行日常维护的目录对象，如用户和计算机账户。由于具有全局作用域的组在自己的域外不会被复制，因此用户可以经常更改具有全局作用域的组中的账户，且不会对全局编录产生重复流量。

3）通用组。通用组的成员可以包括域树或林中的任何域的其他组和账户。可以在域树或林中的任何域为这些组成员分配权限。

使用具有通用作用域的组来合并跨域的组。为此，向具有全局作用域的组添加账户，并在具有通用作用域的组内嵌套这些组。使用此策略时，对具有全局作用域的组成员身份的任何更改都不会影响具有通用作用域的组。

4. 计算机账户

计算机负责执行关键任务，如验证用户登录、分配 IP 地址、维护 Active directory 的完整性以及执行安全策略。为了能够完全访问网络资源，计算机必须在 Active Directory 域中具备有效账户。计算机账户包含安全功能和管理功能。

（1）安全功能。为了让用户充分利用 Active Directory 的功能，需要在 Active Directory 中创建计算机账户。计算机账户创建之后，计算机就能使用高级验证过程，如 Kerberos 验证和 IPSec 加密等。

（2）管理功能。计算机账户有助于系统管理员管理网络结构。系统管理员可以使用计算机账户管理桌面环境的功能，通过 Active Directory 自动部署软件，通过 Microsoft Systems Management Server（SMS）维护硬件和软件清单。域中的计算机账户还可用于控制用户对资源的访问。

5. 在域中创建计算机账户的位置

管理计算机账户时，系统管理员可以选择账号所在的组织单位。如果计算机已加入域，可以将计算机账户创建在"Computers"组织单位中。管理员也可以根据需要将账号移动到合适的组织单位中。

（1）用户指定计算机账户的位置。

用户将计算机加入域中时，计算机账户将被添加到 Active Directory 的"Computers"组织单位中，系统账户也记录每个用户添加计算机到域中的数量。默认情况下，Active Directory 用户可以通过用户账户身份将 10 台计算机添加到域中，该默认配置可以进行修改。

（2）管理员指定计算机账户的位置。

使用已经创建的计算机账户将计算机加入到域中的方法被称为预定义。通

笔 记

常，普通用户没有权限预定义计算机账户，但可以使用系统管理员预定义的计算机账户将计算机加入域中。

【任务实施】

微课实验 2-3
任务 3 创建域用户、组和计算机账户

1. 创建域用户账户

依次在"信息系统部"组织单位创建域用户账户 ITuser1、ITuser2，在"市场部"组织单位创建域用户账户 Muser1、Muser2，在"行政部"组织单位创建域用户账户 Suser1、Suser2。

（1）使用"GKY\administrator"域管理员登录 Server1 虚拟机，单击"服务器管理器"右上方的"工具"按钮，选择"Active Directory 用户和计算机"，进入"Active Directory 用户和计算机"窗口。

（2）展开"gky.com"域，定位到"信息系统部"，右击，在弹出的菜单中选择"新建"→"用户"，打开"新建对象-用户"对话框，依次创建用户账户 ITuser1、ITuser2，密码均为 Admin@123，并勾选"密码永不过期"，如图 2-22 所示。

笔 记

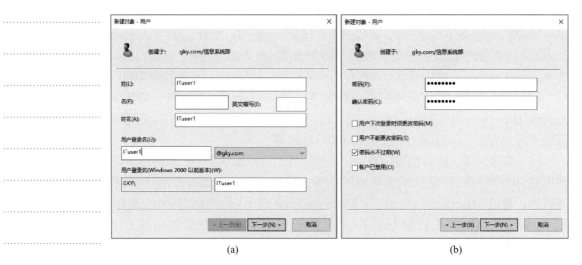

(a)   (b)

图 2-22

（3）重复上步操作，依次定位到"市场部"组织单位，创建域用户账户 Muser1、Muser2；定位到"行政部"组织单位，创建域用户账户 Suser1、Suser2。

注释：选中所选账户，右击，在弹出的菜单中选择"属性"，可以修改用户的属性。如图 2-23 所示。

2. 创建全局组

（1）在"信息系统部"组织单位中，创建全局组 GGITgroup，将域用户 ITuser1、ITuser2 添加到全局组 GGITgroup。

1）在"Active Directory 用户和计算机"界面中，定位到"gky.com"，

右击，在弹出的菜单中选择"新建"→"组"，打开"新建对象–组"对话框，
创建全局组 GGITgroup，如图 2-24 所示，单击"确定"按钮。

图 2-23　　　　　　　　　　　　　　　　　　图 2-24

2）定位到 GGITgroup，右击，在弹出的菜单中选择"属性"，如图 2-25
所示，打开"GGITgroup 属性"对话框。

3）在"GGITgroup 属性"对话框中，选择"成员"选项卡，单击"添加"
按钮，将 ITuser1、ITuser2 添加到组 GGITgroup，单击"确定"按钮，
如图 2-26 所示。

图 2-25　　　　　　　　　　　　　　　　　　图 2-26

（2）参照上述步骤（1），创建全局组 GGMgroup，将域用户 Muser1、Muser2 添加到全局组 GGMgroup 中。

（3）参照上述步骤（1），创建全局组 GGSgroup，将域用户 Suser1、Suser2 添加到全局组 GGSgroup 中。

3. 创建本地域组

（1）在"信息系统部"组织单位中，创建本地域组 DLGITgroup，将全局组 GGITgroup 加入本地域组 DLGITgroup。

1）在"Active Directory 用户和计算机"界面中，定位到"gky.com"，右击，在弹出的菜单中选择"新建"→"组"，在打开的对话框中创建组名为 DLGITgroup 的本地域组，单击"确定"按钮，如图 2-27 所示。

2）定位到 GGITgroup，右击，在弹出的对话框中选择"添加到组"，打开"选择组"对话框，在文本框中输入 DLGITgroup，单击"检查名称"按钮（图 2-28），无错误提示后单击"确定"按钮，将全局组 GGITgroup 加入本地域组 DLGITgroup。

图 2-27

图 2-28

（2）参照上述步骤（1），在"市场部"组织单位中，创建本地域组 DLGMgroup，将全局组 GGMgroup 加入本地域组 DLGMgroup。

（3）参照上述步骤（1），在"行政部"组织单位中，创建本地域组 DLGSgroup，将全局组 GGSgroup 加入本地域组 DLGSgroup。

4. 将服务器和客户端计算机加入域

（1）将 Server2 服务器加入域 gky.com。

1）使用 Administrator 管理员账户登录 Server2 虚拟机。

2）在"Internet 协议版本 4（TCP/IP）属性"对话框中，输入"首选 DNS 服务器"地址为"192.168.1.1"，单击"确定"按钮。

3）在 Server2 打开"服务器管理器"，在"本地服务器"界面单击计算机名"Server2"，打开"系统属性"对话框。单击"更改"按钮，打开"计算机名/域更改"对话框,如图 2-29 所示,在"隶属于"栏中选择"域",并输入域名"gky.com",单击"确定"按钮,在"Windows 安全中心"对话框中,输入用户名 Administrator,密码为 Admin@123,单击"确定"按钮,并立即重启计算机。

4)重启后登录界面,选择"其他用户",输入"GKY\administrator"域管理员账户,密码为 Admin@123,并登录 Server2 虚拟机。

(2)将 Win10 客户机加入域 gky.com。

1)使用 Win10 账户登录 Win10 虚拟机。

2)在"Internet 协议版本 4(TCP/IP)属性"对话框中,输入"首选 DNS服务器"地址为"192.168.1.1",单击"确定"按钮。

3)依次选择"控制面板"->"系统和安全"->"系统",在弹出的对话框中单击"更改设置"按钮,如图 2-30 所示,打开"系统属性"对话框,单击"更改"按钮,打开"计算机名/域更改"对话框,在"隶属于"栏中选择"域",并输入域名"gky.com",单击"确定"按钮,在"Windows 安全中心"对话框中,输入用户名 Administrator,密码为 Admin@123,单击"确定"按钮,并立即重启计算机。

4)重启后登录界面,选择"其他用户",输入"GKY\administrator"域管理员账户,密码为 Admin@123,并登录 Win10 虚拟机。

笔 记

图 2-29　　　　　　　　　　　　　　图 2-30

单元练习

单元练习

case

1. 选择题

(1)要成功创建域控制器,下列选项是必备的是(　　)。

　　A. 有效的 DNS 域名

  B. 有效的 NetBIOS 名称

  C. 为域控制器分配 IP 地址的 DHCP 服务器

  D. DNS 服务器

（2）下面关于域的叙述中正确的是（　　）。

  A. 域就是由一群服务器计算机与工作站计算机所组成的局域网系统

  B. 域中的工作组名称必须都相同，才可以连上服务器

  C. 域中的成员服务器是可以合并在一台服务器计算机中的

  D. 以上都对

（3）公司有一个分部，该分部配置为单独的 Active Directory 站点，并且有一个 Active Directory 域控制器。该 Active Directory 站点需要本地全局编录服务器来支持某个新的应用程序。需要将该域控制器配置为全局编录服务器，应该使用（　　）。

  A. Dcpromo.exe 实用工具

  B. "服务器管理器" 控制台

  C. "计算机管理" 控制台

  D. "Active Directory 站点和服务" 控制台

  E. "Active Directory 域和信任" 控制台

（4）公司处在单域的环境中，公司有两个部门：销售部和市场部，每个部门在活动目录中有一个相应的 OU（组织单位），分别是 SALES 和 MARKET。有一个用户 TOM 要从市场部调动到销售部工作。TOM 的账户原来存放在组织单位 MARKET 里，域的管理员想将 TOM 的账户存放到组织单位 SALES 里，应该通过（　　）来实现此功能。

  A. 在组织单位 MARKET 里将 TOM 的账户删除，然后在组织单位 SALES 里新建

  B. 将 TOM 使用的计算机重新加入域

  C. 复制 TOM 的账户到组织单位里，然后将 MARKET 里 TOM 的账户删除

  D. 直接将 TOM 的账户拖动到组织单位 SALES 里

（5）两个域 shenyang.dcgie.com 和 beijing.dcgie.com 的共同父域是（　　）。

  A. www.dcgie.com   B. beijing.com

  C. home.dcgie.com   D. dcgie.com

（6）关于域组的概念，下列描述正确的是（　　）。

  A. 全局组的成员只包括组定义所在域的其他组和账户

  B. 通用组的成员不可以包括域树或林中的任何域的其他组和账户

  C. 本地域组的用户可以访问所有域的资源

  D. 本地域组可以包含其他域的本地域组

2. 简答题

（1）AD DS 具有哪些新功能？

（2）简述活动目录和工作组的异同点及其本质。

（3）在 AD 中可以被管理的 AD 对象有哪些？

单元 3

配置和管理共享文件夹

🔍 学习目标

【知识目标】
- 了解 NTFS 权限种类
- 了解用户的有效权限
- 了解共享文件夹
- 了解文件的压缩
- 了解加密文件系统
- 了解卷影副本

【技能目标】
- 掌握共享文件夹的创建、访问和发布
- 掌握文件访问的权限设置
- 掌握卷影副本的设置
- 掌握文件与文件夹的压缩
- 掌握文件与文件夹的加密

【素养目标】
- 具备分析问题和解决问题的能力
- 具备沟通与团队协作的能力
- 具备计算机操作系统运维与管理的能力
- 具备良好的职业道德和敬业精神

教学导航

知识重点	共享文件夹的创建与配置
知识难点	共享文件夹的权限设置
推荐教学方式	从工作任务入手，通过共享文件夹的配置以及共享权限管理，让读者从直观到抽象，逐步理解共享文件夹的工作过程，掌握共享文件夹的创建与权限设置、卷影副本的设置以及文件与文件夹的压缩和加密
建议学时	6 学时
推荐学习方法	动手完成任务，在任务中逐渐了解共享文件夹的访问方法，掌握共享文件夹的创建与权限设置、卷影副本的设置以及文件与文件夹的压缩和加密

访问共享文件夹

任务 1　访问共享文件夹

【任务目标】

创建共享文件夹，以及在 Active Directory 中发布这些共享文件夹信息。

【任务场景】

在 Server2 成员服务器上搭建一个文件服务器，需要完成以下工作。

（1）创建 3 个共享文件夹 share1、share2、share3，1 个隐藏共享文件夹 share4，以及在 Active Directory 中发布这些共享文件夹信息。

（2）公司还需要创建一个公共的共享文件夹 Public，该文件夹下面有 3 个子文件夹 ITtech、Market、Service。NTFS 访问权限见表 3-1。

表 3-1

文件夹	组	NTFS 权限
C:\Public	Authenticated Users	遍历文件夹/运行文件 列出文件夹/读取数据 读取权限
	Administrators	完全控制
C:\Public\ITtech	DLGITgroup（信息系统部本地域组）	完全控制
	Administrators	完全控制
C:\Public\Market	DLGMgroup（市场部本地域组）	完全控制
	Administrators	完全控制
C:\Public\Service	DLGSgroup（行政部本地域组）	完全控制
	Administrators	完全控制

【任务环境】

公司部署了基于域的网络基础架构，Server1 服务器为域控制器，Server2 服务器为文件服务器，Win10 为客户端计算机。任务环境示意图如图 3-1 所示。

图 3-1

▶【知识准备】

1. 文件共享夹

共享文件夹是将该文件夹设置为允许多个用户通过网络同时访问。文件夹共享后，用户能够访问共享文件夹下所有的文件和子文件夹。可以把共享文件夹放在文件服务器上，也可以将其放在网络中的任何一台计算机上，并且可以根据类别和功能在共享文件夹中存放文件。例如，可以在一个共享文件夹中存放共享数据文件，而在另一个共享文件夹中存放共享应用程序文件。以下是共享文件夹的一些通用特性。

微课 PPT-3-1
任务 1　访问共享
文件夹

* Windows 资源管理器中的共享文件夹图标是一只手托着文件夹。
* 只能共享文件夹，不能共享单独的文件。如果多个用户需要访问相同的文件，那么首先需要把文件放在一个文件夹中，然后再共享此文件夹。
* 当文件夹共享后，"读取"权限作为默认的权限对 Everyone 组有效。
* 当在共享文件夹上添加用户或组时，默认的权限是"读取"权限。
* 如果某个组对于一个共享文件夹具有读取权限，那么隶属于该组的用户只具有读取权限。如果某个用户隶属于多个组，那么该用户所具有的权限将会累加这些组对文件夹所具有的权限。
* 可以隐藏共享文件夹，方法是在共享文件夹名称的后面紧跟一个"$"符号。用户不能在用户访问界面中看到此共享文件夹，但是用户可以输入 UNC 路径和"$"符号来访问此共享文件夹，如\\server\sharefile$。
* 当复制共享文件夹时，初始共享的文件夹仍然是共享，但复制的文件夹不共享。当共享文件夹移动到另一个位置时，文件夹不再共享。

2. 共享权限

对于共享文件夹具有的权限包含共享权限、文件和文件夹的 NTFS 权限。

共享权限会通过网络访问共享文件夹时被应用，共享权限不会应用到本地登录的用户。如果是本地访问文件或文件夹，那么只有文件和文件夹的 NTFS 权限会被应用。如果远程访问文件夹，首先要应用的将会是共享权限，然后再应用 NTFS 权限。共享权限分为读取、修改、完全控制，见表 3-2。

表 3-2

权限	允许用户执行的操作
读取权限	通过分配该权限，将只允许用户查看文件名和子文件名、文件中的数据以及运行程序文件
修改权限	通过分配该权限，用户具有读取权限、创建文件和子文件夹的权限、更改文件中的数据以及删除子文件夹和文件的权限
完全控制	通过分配该权限，用户具有读取权限和更改权限，同时还具有更改文件和文件夹权限的额外权限，以及获得文件和文件夹所有权的权限

3. NTFS 权限

在 NTFS 卷中可以为文件和文件夹分配访问权限，这些权限会允许或禁止用户和组的访问。当一个用户试图访问一个文件或者文件夹的时候，NTFS 文件系统会检查用户使用的账户或者账户所属的组是否在此文件或者文件夹的访问控制列表（ACL）中，如果存在，则进一步检查访问控制项（ACE），然后根据控制项中的权限来判断用户最终的权限；如果访问控制列表中不存在用户使用的账户或者账户所属的组，则拒绝用户访问。

（1）NTFS 权限的类型（见表 3-3）

表 3-3

权限	描述
完全控制	该权限可允许读取、写入、更改和删除文件和子文件夹
修改	该权限可允许读取和写入文件和文件夹，同时可允许修改、删除文件或者文件夹
列出文件夹目录	该权限可允许列出文件夹内容，此权限只针对文件夹存在
读取和运行	该权限可允许读取文件和文件夹内容，并且可以执行应用程序
写入	该权限可允许创建文件或者文件夹
读取	该权限可允许读取文件或者文件夹的内容
特别的权限	其他不常用权限，如读取属性、写入属性、读取权限、更改权限、取得所有权等

所有权限都有相应的"允许"和"拒绝"两种选择。文件或者文件夹的默认权限是继承上一级文件夹的权限，如果是根目录（如 C:\）下的文件夹，则权限是继承磁盘分区的权限。

（2）NTFS 权限的应用规则

1）权限的累积。当一个用户属于多个组时，该用户会得到各个组的累加权限。假设有一个用户 User，如果 User 属于 A 和 B 两个组，A 组对文件夹 1

有读取权限，B 组对文件夹 1 有写入权限，那么 User 对此文件的最终权限为读取+写入权限，如图 3-2 所示。

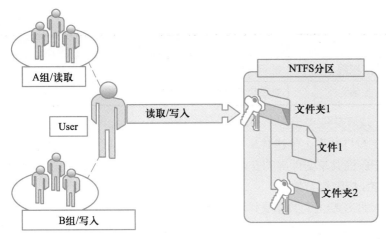

图 3-2

2）权限的继承。新建的文件或者文件夹会自动继承上一级目录或者驱动器的 NTFS 权限，如图 3-3 所示，但是从上一级继承下来的权限是不能直接修改的，只能在此基础上添加其他权限。

如果用户是管理员，可以让新建的文件或者文件夹不再继承上一级目录或者驱动器的 NTFS 权限，如图 3-4 所示。

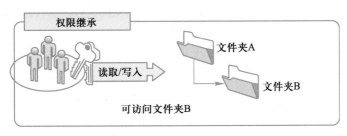

图 3-3

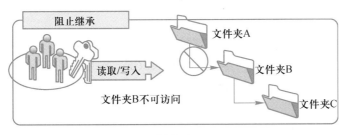

图 3-4

3）权限的拒绝。拒绝的权限优先于允许的权限。无论给用户账户什么权限，只要设置了拒绝权限，那么被拒绝的权限就绝对有效。

4）移动和复制操作对权限的影响。移动和复制操作对文件或文件夹权限的影响，分为 3 种情况：同一 NTFS 分区、不同 NTFS 分区以及 FAT 分区，见表 3-4。

表 3-4

操作	同一 NTFS 分区	不同 NTFS 分区	FAT 分区
复制	继承目标文件（夹）权限	继承目标文件（夹）权限	丢失权限
移动	保留原文件（夹）权限	继承目标文件（夹）权限	丢失权限

4. 共享文件夹权限和 NTFS 权限的组合

当在 NTFS 卷上创建共享文件夹时，可以组合共享文件夹权限和 NTFS 权限，用于保证共享文件夹的安全。不管共享文件夹被本地访问还是通过网络访问，NTFS 权限都有效。

在 NTFS 卷上为共享文件夹设置权限时，将应用如下规则。

• NTFS 卷上需要设置 NTFS 权限。默认情况下，Everyone 组具有"读取"权限。

• 用户远程访问共享文件夹时，除了要有适当的共享文件夹权限外，对共享文件夹中的每个文件和子文件夹必须要有适当的 NTFS 权限。

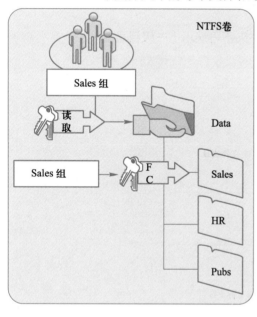

图 3-5

• 当组合 NTFS 权限和共享文件夹权限时，有效的最终权限是组合后的共享文件夹权限和组合后的 NTFS 权限中最严格的权限。

确定组合共享文件夹权限和 NTFS 权限的有效权限的步骤如下。

（1）确定最大的 NTFS 权限。

（2）确定共享文件夹的最大权限。

（3）比较最大 NTFS 权限和最大共享文件夹权限。

（4）最大 NTFS 权限和最大共享文件夹权限中间最严格的权限就是有效权限（即两个最大权限的交集）。

如图 3-5 所示，Sales 组对文件夹 Data 有共享文件夹读取权限，Sales 组对 Sales 文件夹有 NTFS 完全控制权限，那么 Sales 组对 Sales 文件夹的组合的有效权限为读取权限。

【任务实施】

1. 创建共享文件夹 share1、share2、share3

（1）在 Server2 服务器上通过"计算机管理"创建共享文件夹 share1。

1）使用 GKY\administrator 域管理员登录 Server2 虚拟机。

2）选择"开始"→"Windows 管理工具"→"计算机管理",打开如图 3-6 所示的"计算机管理"对话框,单击"共享文件夹"下的"共享"菜单,然后在右侧空白区域右击,在弹出的菜单中选择"新建共享",在打开的对话框中单击"下一步"按钮。

微课实验 3-1
任务 1 访问共享文件夹

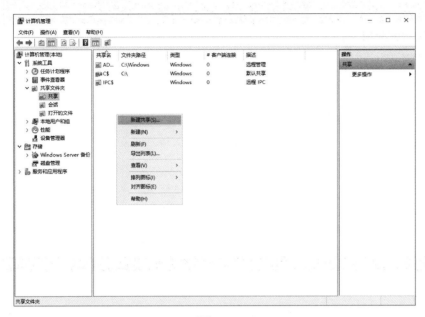

图 3-6

3）在如图 3-7 所示的"文件夹路径"界面中的"文件夹路径"文本框中输入"c:\share\share1",单击"下一步"按钮,进入"名称、描述和设置"界面,单击"下一步"按钮。

4）进入如图 3-8 所示的界面,选中"所有用户有只读访问权限",单击"完成"按钮。

图 3-7

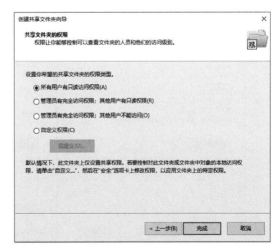

图 3-8

（2）在 Server2 服务器上通过"文件资源管理器"创建共享文件夹 share2。

1）在 c:\share 文件夹中，利用右键快捷菜单新建文件夹 share2，如图 3-9 所示。

图 3-9

2）选中文件夹 share2，右击，从弹出的菜单中选择"属性"，打开"share2 属性"对话框，如图 3-10 所示。

3）在图 3-10 所示的对话框中选择"共享"选项卡，单击"共享"按钮，打开如图 3-11 所示的共享设置对话框。添加"Everyone"组，并设置其权限为"读取"。单击"共享"按钮，弹出"你的文件夹已共享"对话框，单击"完成"按钮。

图 3-10

图 3-11

（3）在 Server2 服务器上通过 net share 命令创建共享文件夹 share3。

在 c:\share 文件夹中，新建文件夹 share3，打开 cmd 命令窗口，在命令窗口中输入"net share share3=c:\share\share3"并按 Enter 键，即可完成文件夹的共享设置。

2. 在 Server2 服务器上通过"文件资源管理器"创建隐藏共享文件夹 share4

（1）在 c:\share 文件夹中，新建并选中文件夹 share4，右击，在弹出的菜单中选择"属性"，打开其属性对话框，选择"共享"选项卡，单击"高级共享"按钮，打开如图 3-12 所示的"高级共享"对话框，在该对话框中，勾选"共享此文件夹"，设置共享名为"share4$"。

（2）在属性对话框中，单击"权限"按钮，打开如图 3-13 所示的权限设置对话框，选择默认选项，单击"确定"按钮。

图 3-12

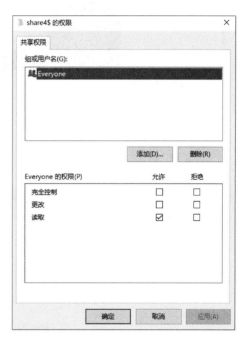

图 3-13

3. 访问共享文件夹 share1、share2、share3、share4

（1）使用"UNC"路径访问共享文件夹。

使用 GKY\administrator 域管理员登录 Win10 客户端，打开"运行"对话框，输入 \\SERVER2\share1，如图 3-14 所示，单击"确定"按钮，访问共享文件夹 share1。

（2）使用"映射网络驱动器"访问共享文件夹。

如图 3-15 所示，右击"此电脑"，在弹出的菜单中选择"映射网络驱动器"选项。打开如图 3-16

图 3-14

所示的对话框，设置映射的文件夹路径为\\server2\ share2，单击"完成"按钮，即可完成如图 3-17 所示的映射网络驱动器。

图 3-15

图 3-16

图 3-17

（3）使用命令"net use"访问共享文件夹。

在 Win10 客户端中，打开 CMD 命令行窗口，输入命令 net use m: \\server2\share3，按 Enter 键，如图 3-18 所示。即可完成对共享文件夹 share3 的映射。

（4）使用"UNC"路径访问隐藏共享文件夹。

在 Win10 客户端中，打开"运行"对话框，输入命令\\server2\share4，单击"确定"按钮，系统显示无法访问该隐藏文件夹，如图 3-19 所示。在"运行"对话框中输入\\server2\share4$，单击"确定"按钮，即可正常访问该隐藏共享文件夹，如图 3-20 所示。

图 3-18　　　　　　　　　　　　　　　　　　　图 3-19

4. 在 Active Directory 中发布共享文件夹

使用 GKY\administrator 域管理员账户登录 Server1 域控制器，单击"服务器管理器"右上方的"工具"按钮，选择"Active Directory 用户和计算机"，进入"Active Directory 用户和计算机"界面，在空白处右击，在弹出的菜单中选择"查找"，在打开的对话框中，在"查找"栏中选择"共享文件夹"，在"范围"栏中选择 gky.com，如图 3-21 所示，单击"开始查找"按钮，搜索结果中显示找不到相应的项目，说明共享文件夹还未在 Active Directory 中发布。

图 3-20

图 3-21

（1）使用 GKY\administrator 域管理员账户登录 Server2 服务器，单击"服务器管理器"右上方的"工具"按钮，选择"计算机管理"，进入"计算机管理"界面，展开"共享文件夹"，单击"共享"按钮。选中共享文件夹 share1，右击，在弹出的菜单中选择"属性"，在"share1 属性"对话框的"发布"选项卡中，选中"将这个共享在 Active Directory 中发布"复选框，单击"确定"按钮，如图 3-22 所示。

（2）按照步骤（2）发布 share2、share3 共享文件夹。

（3）在 Server1 域控制器上，打开"Active Directory 用户和计算机"的"查找 共享文件夹"对话框，在"查找"栏中选择"共享文件夹"，在"范围"栏中选择"gky.com"，如图 3-23 所示，单击"开始查找"按钮，搜索结果中显示已发布的共享文件夹 share1、share2、share3，说明共享文件夹已在

Active Directory 中发布。

图 3-22　　　　　　　　　　　　　　　　　　图 3-23

5. 通过 NTFS 文件访问权限管理对文件/文件夹的访问

（1）使用 GKY\administrator 域管理员登录 Server2 服务器，通过"文件资源管理器"创建共享文件夹 Public，然后在 Public 文件夹中创建 3 个子文件夹 ITtech、Market、Service。

（2）设置 Public 文件夹的共享权限。选择 Public 文件夹，右击，在弹出的菜单中选择"属性"，打开其属性对话框，单击"共享"选项卡，单击"共享"按钮，打开如图 3-24 所示的共享设置界面。添加"Authenticated Users"组，并设置其权限为"读取/写入"，单击"共享"按钮，然后单击"完成"按钮。

（3）设置 Public 文件夹的 NTFS 权限。在"Public 属性"对话框中，单击"安全"选项卡，单击"高级"按钮，打开如图 3-25 所示的高级设置对话框。选择 Authenticated Users，单击"编辑"按钮。

图 3-24　　　　　　　　　　　　　　　　　　图 3-25

（4）弹出如图 3-26 所示的界面，单击"显示高级权限"按钮，显示所有高级权限，并按照图 3-27 中的权限设置进行调整和修改，即只赋予 Authenticated Users 组用户"遍历文件夹/执行文件""列出文件夹\读取数据""读取权限"，单击"确定"按钮，返回"Public 的高级安全设置"对话框，单击"确定"按钮，返回"Public 属性"对话框，单击"关闭"按钮。

笔 记

图 3-26

图 3-27

（5）选择 Public 文件夹的 ITtech 文件夹，右击，在弹出的菜单中选择"属性"，打开其属性对话框，选择"安全"选项卡，单击"编辑"按钮，弹出权限设置对话框，单击"添加"按钮，输入"DLGITgroup"，单击"检查名称"按钮，单击"确定"按钮。返回到"ITtech 的权限"对话框，单击"DLGITgroup"组用户，按图 3-28 所示设置该组的权限为"完全控制"，单击"确定"按钮，返回"ITtech 属性"对话框,单击"确定"按钮。

（6）选择 Market 文件夹,右击,在弹出的菜单中选择"属性",打开其属性对话框,选择"安全"选项卡,单击"编辑"按钮,弹出权限设置对话框,单击"添加"按钮,输入"DLGMgroup",单击"检查名称"按钮,单击"确定"按钮。返回到"Market 的权限"对话框,单击"DLGMgroup"组用户,按图 3-29 所示设置该组的权限为"完全控制",单击"确定"按钮,返回"Market 属性"对话框,单击"确定"按钮。

图 3-28

图 3-29

图 3-30

（7）选择 Service 文件夹,右击,在弹出的菜单中选择"属性",打开其属性对话框,选择"安全"选项卡,单击"编辑"按钮,弹出权限设置对话框,单击"添加"按钮,输入"DLGSgroup",单击"检查名称"按钮,单击"确定"按钮。返回到"Service 的权限"对话框,单击"DLGSgroup"组用户,按图 3-30 所示设置该组的权限为"完全控制",单击"确定"按钮,返回"Service 属性"对话框,单击"确定"按钮。

（8）使用 GKY\muser1 账户登录 Win10 客户端,打开"运行"对话框,输入\\SERVER2\Public,单击"确定"按钮,如图 3-31 所示。打开共享文件夹 Public,双击打开 Market 文件夹,如图 3-32 所示。

图 3-31　　　　　　　　　　　　　　　　　　　　图 3-32

（9）使用 GKY\Suser1 账户登录 Win10 客户端，打开"运行"对话框，输入\\SERVER2\Public，单击"确定"按钮，如图 3-33 所示。打开共享文件夹 Public，双击打开 Service 文件夹，如图 3-34 所示。

图 3-33　　　　　　　　　　　　　　　　　　　　图 3-34

（10）使用 GKY\administrator 账户登录 Win10 客户端，打开"运行"对话框，输入\\SERVER2\Public，单击"确定"按钮，如图 3-35 所示。打开如图 3-36 所示共享文件夹 Public，可以查看到三个子文件夹。

图 3-35　　　　　　　　　　　　　　　　　　　　图 3-36

共享文件夹卷影副本

任务 2　共享文件夹卷影副本

【任务目标】

通过共享文件夹卷影副本，可以将共享文件夹中被误删或错误修改的文件进行恢复。

【任务场景】

Server2 文件服务器中的 C:盘启用卷影副本，如果 C:\Public 共享文件夹中的文件被误删或错误修改，可以使用共享文件夹卷影副本内的旧文件进行还原。

【任务环境】

公司部署了域网络基础架构，Server1 服务器为域控制器，Server2 服务器为文件服务器，Win10 为客户端计算机。任务环境示意图如图 3-1 所示。

【知识准备】

1. 共享文件夹的卷影副本功能概述

共享文件夹的卷影副本功能，会自动在特定的时间将所有共享文件夹内的文件复制到另一存储区内备份，此存储区域被称为卷影副本存储区。如果用户将共享文件夹内的文件误删或错误修改了文件内容后，可以通过卷影副本存储区域内的备份文件来查看原始文件或恢复文件内容。

2. 网络计算机启用"共享文件夹的卷影副本"功能

（1）共享文件夹所在的网络计算机，其启用共享文件夹的卷影副本功能的方法为：打开"文件资源管理器"，单击"此电脑"，选中任意磁盘右击，在弹出的菜单中选择"属性"，打开如图 3-37 所示的对话框，选择"卷影副本"选项卡，单击"启用"按钮，单击"确定"按钮。

（2）启用时会自动为该磁盘建立第一个卷影副本，也就是将该磁盘内所有共享文件夹内的文件都复制一份到卷影副本存储区内，而且默认以后会在星期一到星期五的上午 7:00 与下午 12:00 两个时间点，分别自动新建一个卷影副本。

（3）如图 3-38 中的 C:盘已经有两个卷影副本，单击"立即创建"按钮来手动建立新的卷影副本。用户在还原文件时，可以选择在不同时间点所建立的卷影副本的旧文件来还原文件。

微课 PPT-3-2
任务 2　共享文件
夹卷影副本

图 3-37

图 3-38

3. 客户端访问"卷影副本"内的文件

Win10 客户端用户通过网络连接共享文件夹后，如果误改了某网络文件的内容，此时可以通过如下步骤来恢复原文件内容：选择此文件（以 Confidential 为例）右击，在弹出的菜单中选择"属性"，打开如图 3-39 所示的对话框，选择"以前的版本"选项卡，从"文件版本"选项区中选择旧版本的文件，单击"还原"按钮。图中文件版本处显示了一个卷影副本内的旧文件，用户可以进行选择还原，也可以通过左侧的"打开"按钮来查看旧文件的内容或利用复制操作来复制文件。

图 3-39

如果要还原被删除的文件，可在连接到共享文件夹后，在文件列表界面中的空白区域右击，在弹出的菜单中选择"属性"，在打开的对话框中选择"以前的版本"选项卡，选择旧版本所在的文件夹，单击"打开"按钮复制需要还原的文件。

笔 记

【任务实施】

1. 启用"卷影副本"功能

使用 GKY\administrator 域管理员账户登录 Server2 服务器，打开"文件资源管理器"，选择"此电脑"，选中磁盘 C：右击，从弹出的菜单中选择"属性"，打开如图 3-40 所示的对话框，选择"卷影副本"选项卡，单击"启用"按钮，弹出启用"卷影复制"对话框，单击"是"按钮，在"卷影副本"选项卡下方可以看到卷影副本的启动创建信息，如图 3-41 所示。

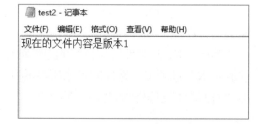

图 3-40   图 3-41

2. 新建共享文件

（1）使用账户 GKY\muser1 在客户端 Win10 登录，打开"运行"对话框，输入\\SERVER2\Public，单击"确定"按钮，如图 3-42 所示，即可打开共享文件夹 Public，单击进入子文件夹 Market。

（2）在子文件夹 Market 中新建一个文本文档 test2，test2 的内容是"现在的文件内容是版本 1"并保存，如图 3-43 所示。

图 3-42   图 3-43

3.　立即创建卷影副本

在 Server2 服务器中，打开"本地磁盘（C:）属性"对话框，选择"卷影副本"选项卡，单击"立即创建"按钮，立即创建相应的卷影副本，结果如图 3-44 所示，新创建了一个卷影副本。

4.　修改共享文件内容

在 Win10 客户端中，打开刚刚创建的记事本文件 test2，在原来的内容下方新加一行信息"文件内容修改为版本 2"并保存，如图 3-45 所示。

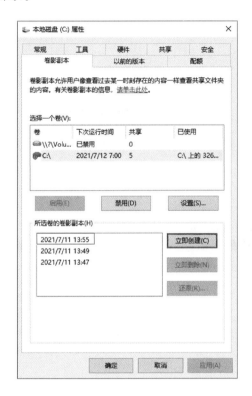

图 3-44

图 3-45

5.　还原共享文件内容

（1）在 Win10 客户端中，右击共享文件记事本 test2，从弹出的菜单中选择"属性"命令，打开"test2 属性"对话框，选择"以前的版本"选项卡，如图 3-46 所示，可以查看到以前版本的相关信息。

（2）选择最近的上一个版本，单击"打开"按钮，如图 3-47 所示，可以查看到以前版本的相关内容，如图 3-48 所示。

图 3-46

图 3-47

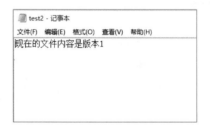

图 3-48

文件与文件夹压缩
和加密

任务 3　文件与文件夹压缩和加密

【任务目标】

（1）通过文件压缩可以减少文件占用磁盘的空间。

（2）通过加密文件可以增加文件的安全性。

【任务场景】

在 Server2 文件服务器中，压缩 BMP 图像文件减少文件的占用空间，加密 Report 文件增加文件的安全性。

【任务环境】

公司部署了域网络基础架构，Server1 服务器为域控制器，Server2 服务器为文件服务器，Win10 为客户端计算机。实训环境示意图如图 3-1 所示。

【知识准备】

微课 PPT-3-3
任务 3 文件与文件夹压缩和加密

将文件压缩后可以减少所占用磁盘的空间。系统支持 NTFS 压缩与压缩文件夹两种不同的压缩方法，其中 NTFS 压缩仅支持 NTFS 磁盘。

1. NTFS 压缩

当用户或应用程序要读取压缩文件时，系统会将文件由磁盘内读出、自动将解压后的内容提供给用户或应用程序，然而存储在磁盘内的文件仍然是处于压缩状态；而要将数据写入文件时，会被自动压缩后再写入磁盘内的文件。

若要对 NTFS 磁盘内的文件压缩，可选中该文件右击，从弹出的菜单中选择"属性"，在打开的对话框中单击"高级"按钮，勾选"压缩内容以便节省磁盘空间"复选框，单击"确定"按钮，如图 3-49 所示。

如果要压缩文件夹，可选中该文件夹右击，从弹出的菜单中选择"属性"，在打开的对话框中单击"高级"按钮，勾选"压缩内容以便节省磁盘空间"复选框，单击"确定"按钮后出现如图 3-50 所示的对话框。

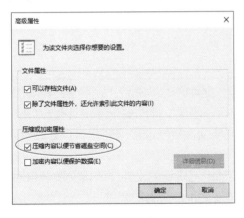

图 3-49

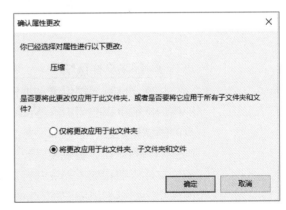

图 3-50

- 仅将更改应用于此文件夹：以后在此文件夹内新建的文件、子文件夹与子文件夹内的文件都会被自动压缩，但不会影响到此文件夹内现有的文件与文件夹。

- 将更改应用于此文件夹、子文件夹和文件：不但以后在此文件夹内新建的文件、子文件夹与子文件夹内的文件都会被自动压缩，同时会将已经存在于此文件夹内的现有文件、子文件夹与子文件夹内的文件一并压缩。

笔记

也可以针对整个磁盘进行压缩设置：选中磁盘右击，在弹出的菜单中选择"属性"，在打开的对话框中选择"常规"选项卡，选中"压缩此驱动器以节约磁盘空间"。

2. 压缩文件夹

无论是 FAT、FAT32、exFAT、NTFS 或 ReFS 磁盘内都可以建立压缩文件夹。在利用文件资源管理器建立压缩文件夹后，之后被复制到此文件夹内的文件都会被自动压缩。

可以在不需要手动解压的情况下，直接读取压缩文件夹内的文件，甚至可以直接执行其中的应用程序。压缩文件夹的文件夹的扩展名为.zip，它可以被WinZIP、WinRar 等文件压缩工具软件解压缩。可选中界面右侧空白处右击，在弹出的菜单中选择"新建"→"压缩（zipped）文件夹"命令新建压缩文件夹，如图 3-51 所示。

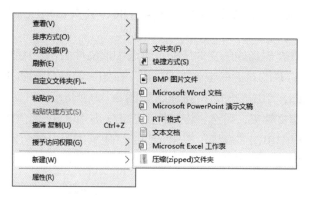

图 3-51

3. 加密文件系统

加密文件系统提供文件加密的功能，文件经过加密后，只有当初对其加密的用户或被授权的用户能够读取，因此可以增加文件的安全性。只有 NTFS 磁盘内的文件、文件夹才可以被加密，如果将文件复制或移动到非 NTFS 磁盘内，则复制后的文件会被解密。

文件压缩和加密无法并存。如果要加密已压缩的文件，则该文件会自动被解压缩。如果要压缩已加密的文件，则该文件会自动被解密。

对文件加密：选中文件右击，在弹出的菜单中选择"属性"，在打开的对话框中单击"高级"按钮，勾选"加密内容以便保护数据"复选框，如图 3-52所示，单击"确定"按钮，打开如图 3-53 所示的对话框，可选择"加密文件及其父文件夹"或"只加密文件"单选按钮。如果选择将该文件与父文件夹都加密，则以后在此文件夹内新建的文件都会自动被加密。

图 3-52

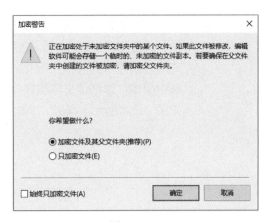

图 3-53

对文件夹加密：选中文件夹右击，在弹出的菜单中选择"属性"，在打开的对话框中单击"高级"按钮，勾选"加密内容以便保护数据"复选框，单击"确定"按钮，如图 3-54 所示。

打开如图 3-55 所示的对话框，选择相应的单选按钮，单击"确定"按钮。

图 3-54

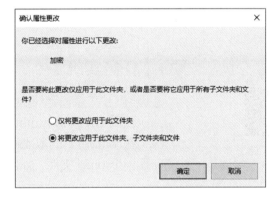

图 3-55

• 仅将更改应用于此文件夹：以后在此文件夹内新建的文件、子文件夹与子文件夹内的文件都会被自动加密，但不会影响到此文件夹内现有的文件与文件夹。

• 将更改应用于此文件夹、子文件夹和文件：不但以后在此文件夹内所新建的文件、子文件夹与子文件夹内的文件都会被自动加密，同时会将已经存在于此文件夹内现有的文件、子文件夹与子文件夹内的文件都一起加密。

4. 授权其他用户可以读取加密的文件

所加密的文件只有自己可以读取，但是也可以授权给其他用户读取。被授权的用户必须具备 EFS 证书，而普通用户在第一次执行加密操作后，就会自动被赋予 EFS 证书，该用户就可以被授权了。

假设要授权给用户 George，先让 George 对任何一个文件执行加密的操作，以便拥有 EFS 证书，然后选中需要授权的加密文件右击，在弹出的菜单中选择"属性"，在打开的对话框中，单击"高级"按钮，在图 3-56 所示的对话框中单击"详细信息"按钮，在打开的对话框中单击"添加"按钮，选中用户，如图 3-57 所示，单击"确定"按钮。

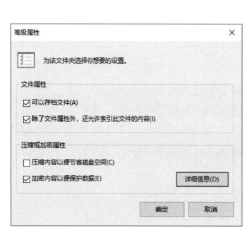

图 3-56　　　　　　　　　　　　　　　　　图 3-57

 【任务实施】

微课实验 3-3
任务 3　文件与文件夹压缩和加密

1. 新建一个图像文件 bmp

（1）使用 GKY\administrator 域管理员登录 Server2 服务器。

（2）在 Server2 的本地磁盘（C:）上新建一个"图像"文件夹，并在该文件夹新建一个 bmp 文件，如图 3-58 所示。

图 3-58

（3）选中 bmp 文件，右击，在弹出的菜单中选择"编辑"，打开"bmp-编辑"编辑器，在"工具"框中，单击"用颜色填充"图标，用"颜色 1"填充 bmp 图像文件，如图 3-59 所示，保存该文件并退出。

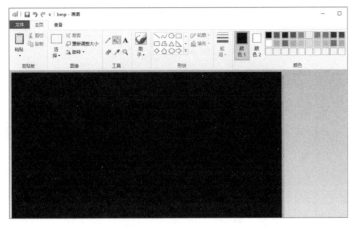

图 3-59

（4）编辑后的 bmp 文件，如图 3-60 所示，文件的大小发生了变化。

图 3-60

2. 启用文件压缩

（1）右击 bmp 文件，在弹出的菜单中选择"属性"命令，打开"bmp 属性"对话框，如图 3-61 所示，此时的 bmp 文件占用空间为 976 KB，单击"常规"选项卡中的"高级"按钮。

（2）弹出"高级属性"对话框，如图 3-62 所示，勾选"压缩内容以便节省磁盘空间"复选框，单击"确定"按钮。

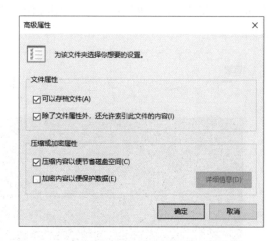

图 3-61   图 3-62

（3）返回"bmp 属性"对话框，单击"应用"按钮，随后可以看到 bmp 文件占用空间的大小变为 4.00 KB，如图 3-63 所示，单击"确定"按钮。

（4）将 bmp 文件复制到 C:\Public 文件夹。

（5）打开 bmp 文件的"bmp 属性"对话框，如图 3-64 所示，可以看到 bmp 文件占用空间的大小为其未压缩前的原始大小，单击"确定"按钮。

图 3-63

图 3-64

（6）将"图像"文件夹中压缩后的 bmp 文件剪切并粘贴到"此电脑"中的"图片"文件夹，然后打开 bmp 文件的"bmp 属性"对话框，如图 3-65 所示，可以看到 bmp 文件占用空间的大小为压缩后的大小。

图 3-65

3. 压缩文件夹

（1）重复复制 4 次"图片"文件夹中的 bmp 文件到"图像"文件夹中，得到 4 个新的图像文件，并重命名为 bmp1，bmp2，bmp3，bmp4。

（2）选中"图像"文件夹，右击，在弹出的菜单中选择"新建"，并单击"压缩(zipped)文件夹"，将新建文件夹命名为"bmp 压缩文件夹"，新建后的结果如图 3-66 所示。

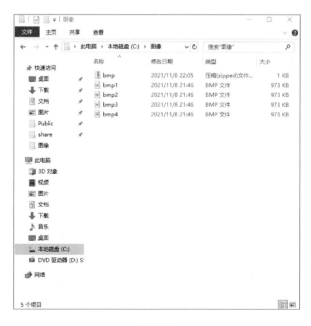

图 3-66

笔记

（3）用鼠标将文件 bmp1，bmp2，bmp3，bmp4 拖到 bmp 压缩文件夹中，并打开压缩文件夹，如图 3-67 所示，可以看到 bmp 文件都处于压缩状态。

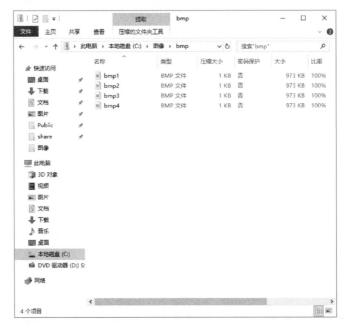

图 3-67

4. 新建 Report 文件夹，并新建文件

（1）使用 GKY\muser1 账户登录 Server2 服务器，在 C: 盘新建文件夹 Report。

（2）在"Report"文件夹内新建记事本文件"Report1"，如图 3-68 所示。

（3）打开新建记事本文件 Report1，输入内容"学习报告"，如图 3-69 所示。

图 3-68

图 3-69

5. 加密文件

（1）右键单击文件夹 Report，在弹出的快捷菜单中，选择"属性"命令，打开其属性对话框。

（2）在"常规"选项卡中，单击 "高级"按钮，打开"高级属性"对话框，如图 3-70 所示，勾选"加密内容以便保护数据"复选框，单击"确定"按钮。

（3）返回"Report 属性"对话框，单击"应用"按钮。

（4）弹出"确认属性更改"对话框，如图 3-71 所示，选中"将更改应用于此文件夹、子文件夹和文件"单选按钮，单击"确定"按钮。

图 3-70　　　　　　　　　　　　　　　　　　　　图 3-71

（5）返回"Report 属性"对话框，单击"确定"按钮。

6. 访问加密文件

（1）注销 GKY\muser1 账户，使用 GKY\Suser1 账户登录 Server2 服务器。

（2）双击 Report 文件夹内的文件 report1.txt，会弹出权限不足的提示，如图 3-72 所示。

图 3-72

7. 授权账户 Suser1 读取加密文件

（1）使用 GKY\Suser1 账户登录 Server2 服务器。

（2）在 C:盘新建文件夹 test，并对这个文件夹进行加密，获得保存 EFS 证书。

（3）注销 GKY\Suser1 账户，使用 GKY\muser1 账户登录 Server2 服务器。

（4）利用右键快捷菜单，打开 report1.txt 文件的属性对话框，选择"常规"选项卡，单击"高级"按钮。

（5）打开"高级属性"对话框，如图 3-73 所示，单击"详细信息"按钮。

（6）弹出"用户访问 report1"对话框，如图 3-74 所示，单击"添加"按钮，增加新的授权访问用户。

图 3-73

图 3-74

（7）在弹出的如图 3-75 所示的用户列表对话框中，选择Suser1@gky.com用户，单击"确定"按钮。

（8）返回"用户访问 report1"对话框，如图 3-76 所示，可以看到新增的访问用户成功显示在列表中，单击"确定"按钮。

图 3-75

图 3-76

（9）注销 GKY\muser1 账户，使用 GKY\Suser1 账户登录 Server2 服务器。

（10）打开 report 文件夹内的 report1.txt 文件，可以成功访问，如图 3-77 所示。

图 3-77

单元练习

1. 选择题

（1）在一个 NTFS 分区上为一个文件夹设置了 NTFS 权限，当把这个文件夹复制到本分区的另一个文件夹下时，该文件夹的 NTFS 权限正确的是（   ）。

    A. 继承目标文件夹的 NTFS 权限

    B. 原有 NTFS 权限和目标文件的 NTFS 权限的集合

    C. 保留原有 NTFS 权限

    D. 没有 NTFS 权限设置，需要管理员重新分配

（2）下面（   ）不属于 NTFS 权限。

    A. 写入   B. 读取   C. 创建   D. 修改

（3）Windows Server 2019 的 NTFS 文件系统具有对文件和文件夹加密的特性。域用户 user1 加密了自己的一个文本文件 myfile.txt，其没有给域用户 user2 授权访问该文件。下列叙述正确的是（   ）。

    A. 如果 user1 将文件 myfile.txt 复制到 FAT32 分区上，加密特性不会丢失

    B. user2 如果对文件 myfile.txt 具有 NTFS 完全控制权限，就可以读取该文件

    C. 对文件加密后可以防止非授权用户访问，所以 user2 不能读取该文件

    D. user1 需要解密文件 myfile.txt 才能读取

（4）当一个账户通过网络访问一个共享文件夹，而这个文件夹又在一个 NTFS 分区上，那么该用户最终得到的权限是（   ）。

    A. 对该文件夹的共享权限和 NTFS 权限中最严格的权限

B. 对该文件夹的共享权限和 NTFS 权限的累加权限

C. 对该文件夹的 NTFS 权限

D. 对该文件夹的共享权限

（5）计算机中有两个 NTFS 分区：C 和 D，在 C 分区上有一个文件夹 Folder1，内有一个文件 myfile.bmp，为了节约磁盘空间，对该文件和文件夹都进行了压缩，在 D 分区上有一个文件夹 Folder2，没有进行压缩，现在将文件 myfile.bmp 移动到 Folder2 中，则该文件的压缩状态为（　　）。

A. 不压缩　　　　B. 压缩　　　　C. 不确定　　　　D. 以上都不对

（6）要设置隐藏共享，需要在共享名的后面加（　　）符号。

A. @　　　　　　B. #　　　　　　C. !　　　　　　D. $

2. 简答题

（1）简述 NTFS 的权限与基本规则。

（2）简述 NTFS 权限的特点。

（3）NTFS 与 FAT 相比，具有哪些优点？

单元 4

配置和管理分布式文件系统

学习目标

【知识目标】
- 了解 DFS 基本概念
- 了解 DFS 命名空间
- 了解 DFS 复制的工作原理

【技能目标】
- 掌握 DFS 命名空间的配置
- 掌握 DFS 复制的配置

【素养目标】
- 具备分析问题和解决问题的能力
- 具备沟通与团队协作的能力
- 具备计算机操作系统运维与管理的能力
- 具备良好的职业道德和敬业精神

教学导航

知识重点	DFS 命名空间的配置与管理
知识难点	DFS 命名空间的配置
推荐教学方式	从工作任务入手，通过 DFS 命名空间的配置以及 DFS 复制的配置，让读者从抽象到具体，逐步理解 DFS 分布式文件系统的工作过程，掌握 DFS 系统的配置与管理
建议学时	4 学时
推荐学习方法	首先动手完成任务，在任务中逐渐了解 DFS 系统的配置与管理，掌握 DFS 系统的工作过程

创建 DFS 命名空间

微课 PPT-4-1
任务 1 创建 DFS
命名空间

任务 1 创建 DFS 命名空间

【任务目标】

创建 DFS 命名空间以提高文件的访问效率和可用性。

【任务场景】

公司的系统管理员需要在 Server1 服务器上安装 DFS 命名空间角色，在 Server2 和 Server3 服务器上安装 DFS 复制角色，并创建基于域的命名空间 Public，建立 DFS 文件夹 Database，将其两个目标分别映射到\\Server2\Database 和\\Server3\Database。

【任务环境】

公司部署了基于域的网络基础架构，Server1 服务器为域控制器，Server2 服务器和 Server3 为成员服务器，Win10 为客户端计算机。任务环境示意图如图 4-1 所示。

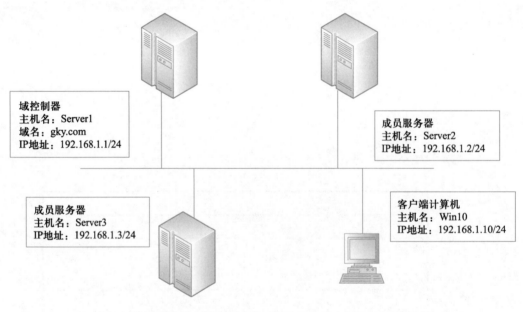

图 4-1

注：添加一台新的成员服务器 Server3。

（1）安装的操作系统为 Windows Server 2019 标准版。

（2）硬件配置为 1 个 CPU、2 GB 内存、60 GB 硬盘、1 个网卡。

（3）设置 IP 地址为 192.168.1.3，掩码为 255.255.255.0，首选 DNS 服务器地址为 192.168.1.1。

（4）主机名为 Server3，并加入域 gky.com。

【知识准备】

分布式文件系统（Distributed File System，DFS）可以为网络中的所有共享文件提供一个访问点和一个逻辑树结构，使分布在多台服务器上的文件如同位于网络上的一个位置来显示在用户面前，而忽略这些共享文件夹在网络中的位置。而且还可以将文件同时放在多台服务器中，当用户读取文件时，DFS会从不同的服务器为用户读取，从而减轻服务器的负担。即使有一台服务器发生故障，DFS 仍然可以从其他服务器正常读取。

DFS 提供以下三种主要功能：

● 统一的名称空间：DFS 数据可以使用一个服务器名称或者域名来定位。

● 数据冗余：DFS 可以提供对位于多个服务器的单个共享文件的访问。如果主服务器不能被连接，客户还可以连接到其他服务器上。

● 自动数据复制：可以配置 DFS 使用分布式文件复制（DFSR）服务，实现自动在 DFS 服务器之间同步，以提供数据冗余。

1. DFS 命名空间

使用 DFS 都需要创建一个 DFS 命名空间。使用 DFS 命名空间，可以将位于不同服务器上的共享文件夹组合到一个或多个逻辑结构的命名空间。每个命名空间作为具有一系列子文件夹的单个共享文件夹显示给用户。但是，命名空间的基本结构可以包含位于不同服务器以及多个站点中的大量共享文件夹。

DFS 命名空间是组织内共享文件夹的一种虚拟视图，其命名空间结构如图 4-2 所示。

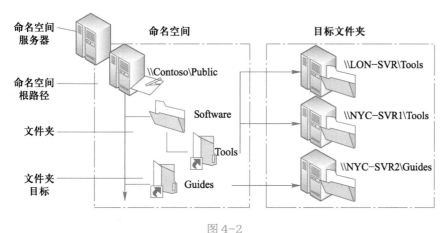

图 4-2

● 命名空间服务器。命名空间服务器承载命名空间。命名空间服务器可以是成员服务器或域控制器。

● 命名空间根路径。命名空间根路径是命名空间的起点。在图 4-2 中，根路径的名称为 Public，命名空间的路径为\\Contoso\Public。

- 文件夹。没有文件夹目标的文件夹将结构和层次结构添加到命名空间，具有文件夹目标的文件夹为用户提供实际内容。用户访问命名空间中包含文件夹目标的文件夹时，客户端计算机将收到透明地将客户端计算机重定向到一个文件夹目标的引用。

- 文件夹目标。文件夹目标是共享文件夹或与命名空间中的某个文件夹关联的另一个命名空间的 UNC 路径。文件夹目标是存储数据和内容的位置。在图 4-2 中，名为 Tools 的文件夹包含两个文件夹目标，一个位于 LON-SVR 服务器上，另一个位于 NYC-SVR1 服务器上；名为 Guides 的文件夹包含一个文件夹目标，位于 NYC-SVR2 服务器上。

2.　DFS 命名空间类型

DFS 命名空间有两种类型：一种是独立的 DFS 命名空间；另一种是基于域的 DFS 命名空间。

（1）独立的 DFS 命名空间

独立的 DFS 命名空间提供了特有的 DFS 命名空间，该命名空间由根目录以及共享所在的服务器名称定义，独立的根目录只支持一个目标根目录，但是可以配置多个目标文件夹。使用独立的 DFS 命名空间通常在不包含活动目录域的环境下部署。

（2）基于域的 DFS 命名空间

基于域的 DFS 命名空间提供了一个基于域名和根目录名称的命名空间，创建域 DFS 根目录时，命名空间根目录服务器必须是活动目录域的一个成员。当创建这个命名空间时，基于域的 DFS 命名空间可以使用 DFS 复制在多个目标文件夹中复制数据。

【任务实施】

1.　在 Server1 上安装 DFS 命名空间组件

（1）使用 GKY\administrator 域管理员登录 Server1 域控制器，打开"服务器管理器"界面，选择"仪表板"中的"添加角色和功能"选项，在"添加角色和功能向导"界面中，连续单击"下一步"按钮，在出现的"选择服务器角色"界面中，依次选择"文件和存储服务"→"文件和 iSCSI 服务"，勾选"DFS 命名空间"复选框，如图 4-3 所示，弹出"添加 DFS 命名空间所需的功能"界面，单击"添加功能"按钮，如图 4-4 所示，返回"选择服务器角色"界面，单击"下一步"按钮。

（2）连续单击"下一步"按钮，在"确认安装所选内容"界面中单击"安装"按钮，等待安装结果，如图 4-5 所示。

（3）在"安装进度"界面中等待安装完成，如图 4-6 所示，单击"关闭"按钮。

微课实验 4-1
任务 1　创建 DFS
命名空间

图 4-3

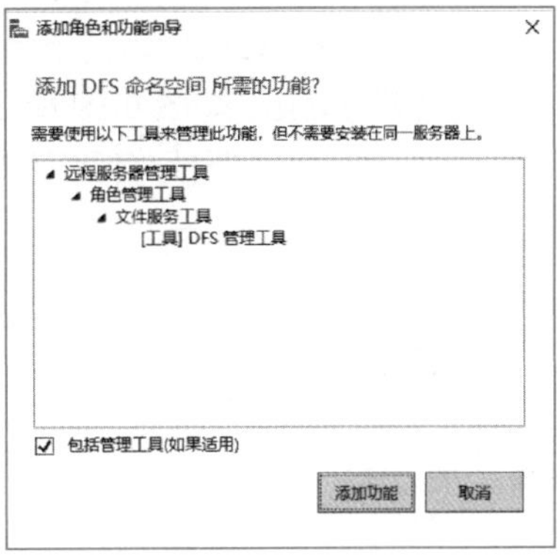

图 4-4

图 4-5

图 4-6

2. 在 Server2 上安装 DFS 复制组件

（1）使用 GKY\administrator 域管理员登录 Server2 服务器，打开"服务器管理器"界面，单击"仪表板"中的"添加角色和功能"项，在"添加角色和功能向导"中，连续单击"下一步"按钮直到出现"选择服务器角色"界面，展开"文件和存储服务"→"文件和 iSCSI 服务"，勾选"DFS 复制"复选框，如图 4-7 所示，弹出"添加 DFS 复制所需的功能"界面，单击"添加功能"按钮，如图 4-8 所示，返回图 4-7 所示"选择服务器角色"界面，单击"下一步"按钮。

图 4-7

图 4-8

（2）连续单击"下一步"按钮，在"确认安装所选内容"界面中，单击"安装"按钮，如图 4-9 所示，等待安装结果。

（3）安服务安装完成后，单击"关闭"按钮，如图 4-10 所示。

图 4-9　　　　　　　　　　　　　　　　　图 4-10

3. 在 Server3 上安装 DFS 复制组件

根据图 4-1 所示的任务环境要求，安装一台新的成员服务器 Server3，并参照上述步骤 2，在 Server3 上安装 DFS 复制组件。

4. 在 Server2 上创建共享文件夹 Database

（1）在 Server2 中 C 盘路径下创建新文件夹 Database，并右击，在弹出的菜单中选择"属性"，在打开的"Database 属性"对话框中，单击"共享"选项卡，在打开的对话框中单击"共享"按钮，打开"网络访问"对话框，在下拉列表中选择用户组 Everyone 后，单击"添加"按钮，并将 Everyone 的权限级别改为"读取/写入"，单击"共享"按钮，如图 4-11 所示。

（2）进入如图 4-12 所示的界面，单击"完成"按钮，在返回的"Database 属性"对话框中，单击"关闭"按钮。

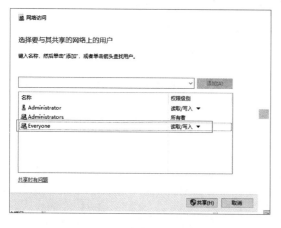
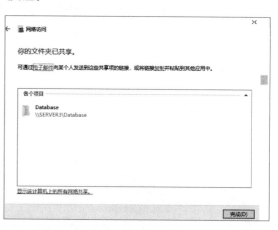

图 4-11　　　　　　　　　　　　　　　　　图 4-12

5.　在 Server3 上创建共享文件夹 Database

参照上述步骤 4，在 Server3 上创建共享文件夹 Database。

6.　在 Server1 上建立命名空间

（1）在 Server1 服务器上，打开"服务器管理器"界面，在右上角选择"工具"，在弹出的菜单中选择"DFS Management"，打开"DFS 管理"界面，右击"命名空间"，在弹出的菜单中选择"新建命名空间"，打开"命名空间服务器"界面，浏览选定 Server1 作为命名空间服务器后，单击"下一步"按钮，如图 4-13 所示。

（2）在"命名空间名称和设置"界面中，输入命名空间名称为 Public 后，单击"下一步"按钮，如图 4-14 所示。

图 4-13　　　　　　　　　　　　　　　　　图 4-14

（3）在"命名空间类型"界面中，选择"基于域的命名空间"，单击"下一步"按钮，如图 4-15 所示。由于域名是 gky.com，因此完整的命名空间名称将会是\\gky.com\Public。

（4）在"复查设置并创建命名空间"界面中，确认设置无误后单击"创建"按钮。

（5）如图 4-16 所示，单击"关闭"按钮完成新建命名空间创建。

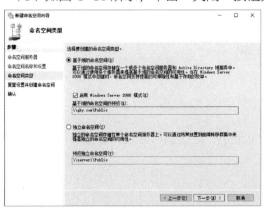
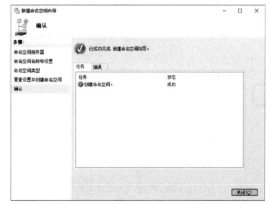

图 4-15　　　　　　　　　　　　　　　　　图 4-16

（6）在"DFS 管理"界面中，展开"命名空间"后，选择"\\gky.com\Public"，单击右侧的"新建文件夹"，打开"新建文件夹"对话框。在"新建文件夹"对话框中，设置"名称"为 Database，"预览命名空间"为"\\gky.com\Public\Database"，如图 4-17 所示。单击"添加"按钮，将\\SERVER2\Database 和\\SERVER3\Database 添加到文件夹目标的路径中，如图 4-18 所示。在弹出的"复制"对话框的"是否创建复制组"中，单击"否"按钮。

图 4-17　　　　　　　　　　　　　　　　　图 4-18

（7）如图 4-19 所示，将 Server1 的 Database 文件夹映射到 Server2 和 Server3 的 Database 中。

图 4-19

任务 2　配置 DFS 复制

配置 DFS 复制

【任务目标】

将目标服务器设置为同一个复制组，让这些目标之间通过自动复制文件来进行同步。

【任务场景】

设置复制组 gky.com\Public\Database，设置复制文件夹 Database，添

加\\SERVER2\Database 和\\SERVER3\Database 为复制成员，最后从客户端计算机来测试 DFS 功能是否正常。

 【任务环境】

公司部署了基于域的网络基础架构，Server1 服务器为域控制器，Server2 和 Server3 为成员服务器，Win10 为客户端计算机。任务环境示意图如图 4-1 所示。

 【知识准备】

微课 PPT-4-2
任务 2　配置 DFS
复制

1. DFS 复制简介

在分布式文件系统中，利用 DFS 复制，保证重要文件在多台服务器之间提供冗余备份存储，还可以提供可靠的负载平衡。

DFS 复制是一种有效的多主机复制引擎，可用于保持跨有限带宽网络连接的服务器之间的文件夹同步。DFS 复制使用一种称为远程差分压缩（RDC）的压缩算法。RDC 检测对文件中数据的更改，并使 DFS 复制仅复制已更改文件块而非整个文件。DFS 复制对冲突的文件（即在多个服务器上同时更新的文件）使用最后写入者优先的冲突解决启发方式，对名称冲突使用最早创建者优先的冲突解决启发方式。解决冲突失败的文件和文件夹移至一个称为冲突和已删除文件夹的文件夹。

若要使用 DFS 复制，必须创建复制组并将已复制文件夹添加到组。复制组、复制文件夹和成员的关系如图 4-20 所示。

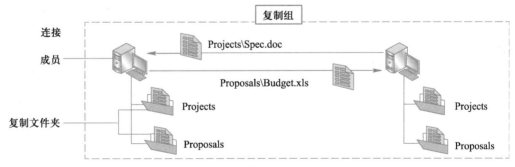

图 4-20

复制组是一组称为"成员"的服务器，它参与一个或多个已复制文件夹的复制。"已复制文件夹"是在每个成员上保持同步的文件夹。图 4-20 中有两个已复制的文件夹：Projects 和 Proposals。每个已复制文件夹中的数据在进行更改时，将通过复制组成员之间的连接复制更改。所有成员之间的连接构成复制拓扑。

2. DFS 复制要求

部署 DFS 复制，可按照如下所述配置服务器。

（1）Active Directory 构架必须包括 DFS 复制对象。

（2）参与 DFS 复制的服务器必须在每个将参与复制的服务器上安装 DFS 复制服务，并且必须至少在一个服务器上安装"DFS 管理"管理单元，用于管理复制。

（3）复制组中的服务器必须处于相同的林中。不能跨不同林中的服务器进行复制。

（4）已复制文件夹必须存储在 NTFS 卷上。

（5）在服务器群集上，已复制文件夹必须位于节点的本地存储中，因为 DFS 复制服务并未设计为与群集组件协调使用，并且该服务无法将故障转移到另一个节点。

3. DFS 复制限制

DFS 复制部署时不要超过以下限制。

（1）每台服务器最多可以包含 256 个复制组的成员。

（2）每个复制组最多可以包含 256 个已复制文件夹。

（3）每台服务器最多可以具有 256 个连接（如 128 个传入连接和 128 个传出连接）。

（4）在每台服务器上，复制组数乘以已复制文件夹数再乘以连接数，结果必须小于或等于 1024。

（5）一个复制组最多可以包含 256 个成员。

（6）一个卷最多可以包含 800 万个已复制文件夹，一个服务器最多可以包含 1 TB 的已复制文件。

【任务实施】

微课实验 4-2
任务 2 配置 DFS
复制

1. 复制组与复制设置

（1）在 Server1 服务器中打开"服务器管理器"界面，在右上角选择"工具"，在弹出的菜单中选择"DFS Management"，打开"DFS 管理"界面，展开"命名空间"并选择"Database"，在"DFS 管理"界面的右侧选择"复制文件夹"，如图 4-21 所示。

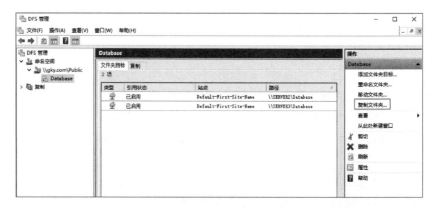

图 4-21

（2）在"复制组和已复制文件夹名"界面中，设置"复制组名"为
"gky.com\public\database"，"已复制文件夹名"为 Database，单击"下一
步"按钮，如图 4-22 所示。

（3）在"复制合格"界面中，列出有资格参与复制的服务器，单击"下一
步"按钮。

（4）在"主要成员"界面中，选择主要成员为"SERVER2"，单击"下一
步"按钮。

（5）在"拓扑选择"界面中，选择"交错"作为复制组成员之间的连接拓
扑，单击"下一步"按钮，如图 4-23 所示。

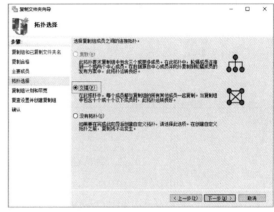

图 4-22　　　　　　　　　　　　　　　　　　图 4-23

（6）在"复制组计划和带宽"界面中，选择"使用指定宽带连续复制"和
"完整"的宽带方式，单击"下一步"按钮，如图 4-24 所示。

（7）在"复查设置并创建复制组"界面中检查设置内容，如果正确则单击
"创建"按钮。创建完成后，弹出图 4-25 所示的对话框，单击"关闭"按钮。

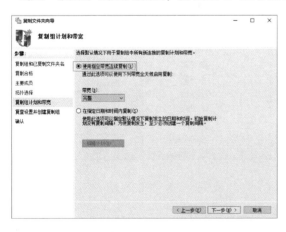

图 4-24　　　　　　　　　　　　　　　　　　图 4-25

2. 在 Server2 和 Server3 服务器中查看复制文件内容

（1）在 Server2 的 Database 文件夹中创建 test21、test22、test23，如图 4-26 所示。

（2）验证 Server3 的 Database 文件夹内容是否和 Server2 的 Database 文件夹内容一致，如图 4-27 所示。

图 4-26

图 4-27

（3）在 Server3 的 Database 文件夹中创建 BMP 图像文件 bmp31、bmp32、bmp33，如图 4-28 所示。

（4）验证 Server2 的 Database 文件夹内容是否和 Server3 的 Database 文件夹内容一致，如图 4-29 所示。

图 4-28

图 4-29

3. 从客户端来测试 DFS 功能是否正常运行

（1）在 Win10 客户端访问共享文件夹\\gky.com\Public 并查看内容，如图 4-30 和图 4-31 所示。

图 4-30

笔 记

图 4-31

（2）Server3 关机后，在 Win10 客户端重新访问共享文件夹\\gky.com\Public，并确认访问共享文件夹内容是否存在。

单元练习

单元练习

case

1. 选择题

（1）公司有一个总办公室和一个分支办公室。该网络包含两台运行 Windows Server 2019 的服务器名为 Server1 和 Server2。Server1 位于总办公室。Server2 位于分支办公室。有一个名为\\contoso.com\DFS1 的基于域的命名空间。Server1 配置为\\contoso.com\DFS1 的命名空间服务器。\\contoso.com\DFS1 有一个名为 folder1 的文件夹。folder1 的目标文件夹为\\Server1\folder1 和\\Server2\folder1。总办公室的用户报告说，他们在 folder1 中看到的内容和在分支办公室看到的不同。需要确保在 folder1 中的内容对所有用户是相同的，正确的做法是（　　　）。

  A. 创建一个新的复制组

  B. 配置 Server2 为命名空间服务器

  C. 在 Server2 上运行 dfsutil.exe cache domain

  D. 在 Server2 上运行 dfsutil.exe root forcesync\\contoso.com\DFS1

（2）网络包含一个活动目录域。该域名包含一个运行 Windows Server 2019 的成员服务器。有一个名为 Data 的文件夹位于 C:盘驱动器上，该文件夹具有默认的 NTFS 权限配置。技术人员通过使用文件共享向导将 C:\Data 共享，并指定了默认设置。用户报告说，他们无法访问共享文件夹。需要确保所有的域用户可以访问这个共享，正确的做法是（   ）。

  A．在此共享上启用基于访问权限的枚举（ABE）

  B．分配给 Domain Users 组读取的 NTFS 权限

  C．从网络和共享中心，启用公共文件夹共享

  D．从文件共享向导，为域用户组配置读取级别的权限

（3）公司下设一个总部和分支办公室，其企业网络由一个 Active Directory 域，它在运行 Windows Server 2019 的功能级别。在网络上所有服务器运行 Windows Server 2019 和所有客户端计算机上运行 Windows 10。要求设计一个文件共享策略，以确保在这两个办事处的用户必须能够使用相同的 UNC 路径来访问相同的文件。即使服务器出现故障，用户必须能够访问文件。在设计的文件共享策略中，需要考虑减少用于访问文件的带宽量。以下（   ）可以完成该任务。

  A．使用复制功能的基于域的 DFS 命名空间

  B．使用复制功能的独立 DFS 命名空间

  C．有两台服务器的多站点故障转移群集，一个在总部，一个在分部

  D．有两台服务器的网络负载平衡群集，一个在总部，一个在分部

2．问答题

（1）什么是 DFS 命名空间？

（2）什么是分布式文件系统？

（3）分布式文件系统的类型有哪些？

单元 5

配置和管理磁盘系统

🔍 **学习目标**

【知识目标】
- 了解基本磁盘
- 了解动态磁盘
- 了解存储配额的工作原理
- 了解文件屏蔽的工作原理

【技能目标】
- 掌握基本磁盘管理
- 掌握动态磁盘管理
- 掌握基本磁盘分区
- 掌握动态磁盘卷的创建
- 掌握存储配额的配置
- 掌握文件屏蔽的配置

【素养目标】
- 具备分析问题和解决问题的能力
- 具备沟通与团队协助的能力
- 具备计算机操作系统运维与管理的能力
- 具备良好的职业道德和敬业精神

教学导航

知识重点	动态磁盘卷的创建
知识难点	配置存储配额和文件屏蔽
推荐教学方式	从工作任务入手，通过磁盘分区管理和创建，让读者直观地了解磁盘管理，逐步理解磁盘管理的工作过程，掌握磁盘存储配额和文件屏蔽等配置和管理
建议学时	4 学时
推荐学习方法	动手完成任务，在任务中逐渐了解磁盘的创建与管理，掌握磁盘管理配置的工作过程

磁盘管理

任务 1 磁盘管理

【任务目标】

对新磁盘进行分区以便更好地优化数据存储管理。

【任务场景】

公司服务器的存储空间很快就用完了，需要在 Server2 服务器添加 3 块磁盘，并将基本磁盘转换成动态磁盘，在动态磁盘上分别创建简单卷、扩展卷、跨区卷、带区卷、镜像卷、RAID-5 卷。任务环境示意图如图 5-1 所示。

【任务环境】

成员服务器
主机名：Server2
IP地址：192.168.1.2/24

图 5-1

注：在 Server2 虚拟机上，通过"虚拟机设置"添加 3 个 60 GB 硬盘。

【知识准备】

微课 PPT-5-1
任务 1 磁盘管理

磁盘管理是管理服务器需要执行的任务之一。通过"磁盘管理"工具，可以执行与磁盘相关的任务，如创建及格式化分区和卷，以及分配驱动器号等。

1. 基本磁盘

基本磁盘是 Windows 网络操作系统默认的磁盘类型，基本磁盘提供了可用于组织数据的独立空间。最多可以把基本磁盘分成 4 个主磁盘分区，或 3 个主磁盘分区加上 1 个扩展分区，扩展分区又可包含 1 个或多个逻辑驱动器。每个分区都赋予不同驱动器号（如 C 或 D）。在创建好的分区中存储数据前，必须使用文件系统将其格式化。

管理基本磁盘包含如下主要任务。

（1）初始化磁盘

在计算机上添加一个新磁盘，创建分区前必须先对磁盘进行初始化。安装新磁盘后，首次启动"磁盘管理"会出现一个向导，此向导将列出操作系统检测到的新磁盘。向导设置完成后，操作系统便对磁盘进行初始化，在其上写入磁盘签名、扇区末尾标记（也称为"签字"）和主引导记录（MBR）。如果在写入磁盘签名前取消该向导，磁盘则会保持"未初始化"状态。

（2）主磁盘分区

在基本磁盘上创建主分区。1 个基本磁盘可以创建 4 个主分区，或 3 个主分区和 1 个扩展分区，主分区不可再分，扩展分区可以再划分为多个逻辑驱动器。

（3）扩展分区和逻辑驱动器

只能在基本磁盘上创建扩展分区，与主分区不同的是，不能使用文件系统格式化扩展分区。要先在扩展分区上创建一个或多个逻辑驱动器，最多可创建 24 个逻辑驱动器，然后才能使用文件系统格式化逻辑驱动器并分配驱动器号。

（4）磁盘格式化

使用磁盘前需先对其格式化。磁盘格式化时，操作系统会删除磁盘上的所有文件分配表，然后检测磁盘，校验扇区是否可靠、标出坏扇区并创建配置分区的文件分配表。

（5）删除分区

删除分区会破坏分区内的所有数据，该分区将还原为未分配空间。如果要删除扩展分区，必须先删除该分区上的逻辑驱动器。

（6）分配和管理驱动器号

Windows 网络操作系统可以对分区、卷、CD-ROM 驱动器和移动存储设备分配驱动器号。有多达 24 个驱动器号（从字母 C 到 Z）可以供分配驱动器号时选用，A 和 B 是过去使用的软盘驱动器保留的驱动器号。在现有的计算机系统上添加新磁盘，不会影响以前所分配的驱动器号。

2. 转换磁盘

安装新磁盘时，磁盘会被自动识别并配置为基本磁盘。要创建动态磁盘，必须把基本磁盘转换到动态磁盘。转换完成后，可以创建更大范围的动态卷，也可以将卷扩展到多个磁盘。动态磁盘的优点如下。

- 动态磁盘可以用于创建跨多个磁盘的卷。
- 动态磁盘上每个磁盘可配置的卷数不受限制。
- 动态磁盘可用来创建容错磁盘，容错磁盘在出现硬件故障时确保数据的完整性。

可以在任何时候把基本磁盘转换成动态磁盘，而不丢失任何数据，基本磁盘上现有的分区将转换为卷。如果把动态磁盘还原成基本磁盘，这样会丢失动态磁盘上的数据。如需把动态磁盘还原成基本磁盘，先要把动态磁盘上的数据进行保存，然后再进行转换。转换时，系统会先把动态磁盘上的数据和卷删除，再创建基本分区。

3. 动态磁盘卷

动态磁盘可以提供基本磁盘不能提供的功能，如可以创建跨多个磁盘的跨区卷和带区卷等，动态磁盘上的所有卷都是动态卷。

（1）简单卷

简单卷就是创建在动态磁盘上的单一的卷，简单卷采用 NTFS、FAT 或 FAT32 文件系统格式。只有一个磁盘时只能创建简单卷。简单卷的特

笔记

笔 记

性如下。

- 包含单一磁盘上或者硬件阵列卷的磁盘空间。
- 类似基本磁盘的基本分区。
- 无大小和数量的限制。
- 可扩容，可被扩展。
- 不具备容错能力。

（2）跨区卷

跨区卷将来自多个磁盘的未分配空间合并到一个逻辑卷中，这样可以更有效地使用多个磁盘系统上的未分配空间。对卷进行扩展后，不能部分删除只能删除整个跨区卷。只有使用 NTFS 文件系统才能创建跨区卷。跨区卷的特性如下。

- 非容错能力，如果包含跨区卷的其中一个磁盘出现故障，则整个卷无法工作。
- 使用系统中多磁盘的可用空间，至少需要 2 块硬盘上的存储空间，最多支持 32 个硬盘。
- 每块硬盘可以提供不同的磁盘空间，可以随时扩展容量。
- 跨区卷的组织过程为：先将一个磁盘上为卷分配的空间充满，然后从下一个磁盘开始，再将该磁盘上为卷分配的空间充满。

（3）带区卷

带区卷又称"RAID-0"卷，是一种以带区形式在两个或多个磁盘上存储的动态卷。带区卷上的数据被均匀地以带区形式跨磁盘交替分配。带区卷是 Windows 的所有动态卷中读写性能最佳的卷。带区卷的特性如下。

- 非容错磁盘，如果包含带区卷的其中一个磁盘出现故障，则整个卷无法工作。
- 至少需要 2 块硬盘。
- 最多支持 32 块硬盘。
- 将数据分成 64 K 的"块"，同时写入所有各个磁盘。

（4）镜像卷

镜像卷是具有容错能力的卷，又称"RAID-1"卷，它通过使用卷的两个副本或镜像复制存储在卷上的数据，从而提供数据冗余性。写入到镜像卷上的所有数据都将写入到位于独立的物理磁盘上的两个镜像中。如果其中一个物理磁盘出现故障，则该故障磁盘上的数据将不可用，但是系统可以使用未受影响的磁盘继续操作。当镜像卷中的一个镜像出现故障时，则必须将该镜像卷中断，使得另一个镜像成为具有独立驱动器号的卷。然后可以在其他磁盘中创建新镜像卷，该卷的可用空间应与之相同或更大。当创建镜像卷时，最好使用大小、型号和制造商都相同的磁盘。镜像卷的特性如下。

- 容错磁盘，把数据从一个磁盘向另一个磁盘做镜像。
- 每块磁盘提供相同大小的空间。

- 浪费磁盘空间，空间利用率 50%。
- 无法提高读写性能。

（5）RAID-5 卷

RAID-5 卷又称"廉价磁盘冗余阵列"或"独立磁盘的冗余阵列"，是数据和奇偶校验间断分布在三个或更多物理磁盘上的容错卷。如果物理磁盘的某一部分失败，可以用余下的数据和奇偶校验重新创建磁盘上失败的那一部分上的数据。RAID-5 卷的特性如下。

- 至少需要 3 块硬盘，最多支持 32 块硬盘。
- 每块硬盘必须提供相同的磁盘空间。
- 提供容错，提高读写性能。
- 空间利用率 $(n-1)/n$（注：n 为磁盘数量）。

【任务实施】

（1）将基本磁盘转换成动态磁盘。

1）使用 GKY\administrator 域管理员登录 Server2 服务器，选择"开始"→"Windows 管理工具"→"计算机管理"选项，打开"计算机管理"控制台。

微课实验 5-1
任务 1　磁盘管理

2）在控制台上选择"存储"→"磁盘管理"，弹出"初始化磁盘"对话框。

3）在"初始化磁盘"对话框中，确保选择了"磁盘 1""磁盘 2"和"磁盘 3"，确保在"为所选磁盘使用以下磁盘分区形式"区中选中了"MBR（主启动记录）"单选按钮，单击"确定"按钮，如图 5-2 所示。

4）在此右击"磁盘 1"区域，在快捷菜单中选择"转换到动态磁盘"命令，如图 5-3 所示。

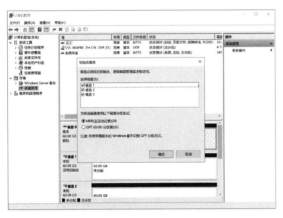

图 5-2

图 5-3

5）在"转换为动态磁盘"对话框中，确保选择了"磁盘 1""磁盘 2"和"磁盘 3"，单击"确定"按钮，如图 5-4 所示。

6）完成动态磁盘转换，如图 5-5 所示。

图 5-4

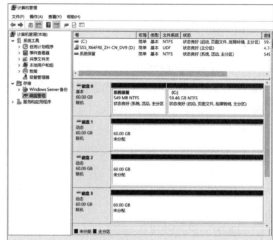

图 5-5

（2）创建简单卷

1）在"磁盘 1"上，选择未分区区域，右击，在快捷菜单中选择"新建简单卷"。

2）在弹出的"新建简单卷向导"对话框中单击"下一步"按钮，如图 5-6 所示。

3）在"指定卷大小"界面中，在"简单卷大小（MB）"文本框中输入 1024，表示卷的空间大小为 1024 MB，单击"下一步"按钮，如图 5-7 所示。

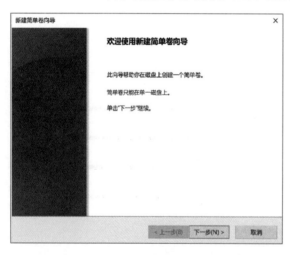

图 5-6

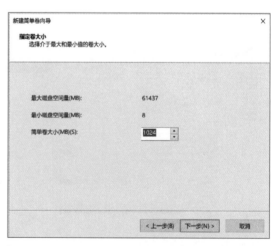

图 5-7

4）在"分配驱动器号和路径"界面中，按默认设置，驱动号为 E，单击"下一步"按钮，如图 5-8 所示。

5）在"格式化分区"界面中，按默认设置，把 E 盘格式化成 NTFS 文件系统，单击"下一步"按钮，如图 5-9 所示。

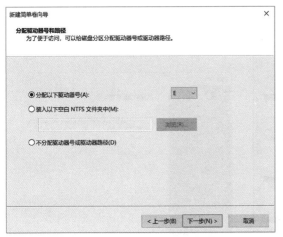

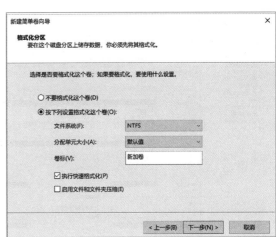

图 5-8 图 5-9

6）在"正在完成简单卷向导"界面中，单击"完成"按钮，创建一个 1024 MB 的简单卷，如图 5-10 所示。

7）检查 E 盘空间的大小，是否为 1024 MB，如图 5-11 所示。

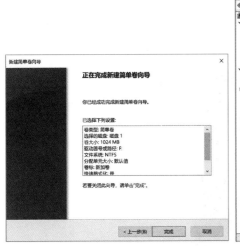

图 5-10 图 5-11

（3）创建扩展卷

1）选择刚才创建的简单卷，右击，在快捷菜单中选择"扩展卷"，如图 5-12 所示。

2）在"欢迎使用扩展卷向导"界面中，单击"下一步"按钮，如图 5-13 所示。

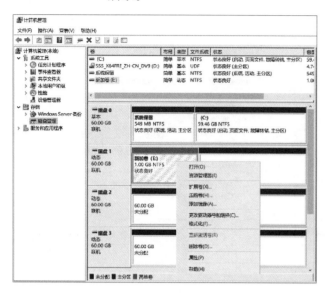

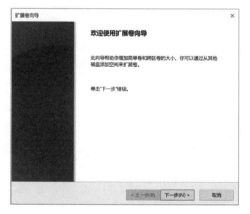

图 5-12   图 5-13

3）在"选择磁盘"界面中，在"已选的"文本框中确定有"磁盘 1"存在，在"选择空间量（MB）"文本框中输入 1024，扩展空间为 1024 MB，单击"下一步"按钮，如图 5-14 所示。

4）在"完成扩展卷向导"界面中，单击"完成"按钮，完成向简单卷扩展 1024 MB 磁盘空间，如图 5-15 所示。

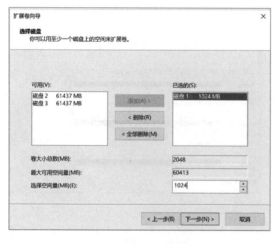

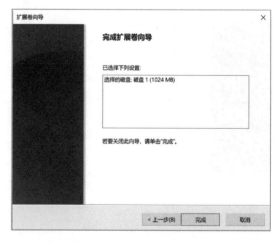

图 5-14   图 5-15

5）检查简单卷的空间大小，是否变成了 2 GB，如图 5-16 所示。

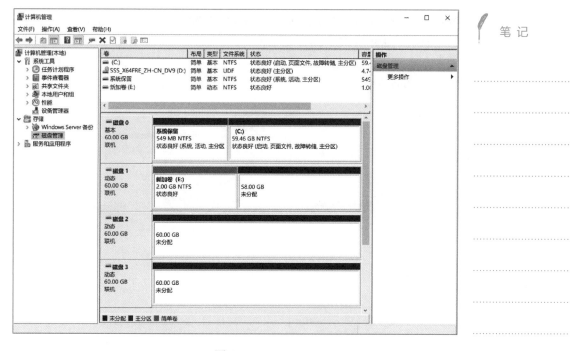

图 5-16

（4）创建跨区卷

1）在磁盘 1 上，选择未分区区域，右击，在快捷菜单中选择"新建跨区卷"命令，打开"新建跨区卷"对话框，单击"下一步"按钮，如图 5-17 所示。

2）选择"磁盘 1"，在"选择空间量（MB）"文本框中输入 1024，如图 5-18 所示。

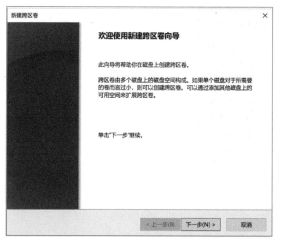

图 5-17

图 5-18

3）选择"磁盘 2"，单击"添加"按钮，单击"磁盘 2"，在"选择空间量

（MB）文本框中输入 1024，确定"磁盘 2"的空间为 1024 MB。单击"下一步"按钮，如图 5-19 所示。

4）在"分配驱动号和路径"界面中，按默认设置，单击"下一步"按钮，如图 5-20 所示。

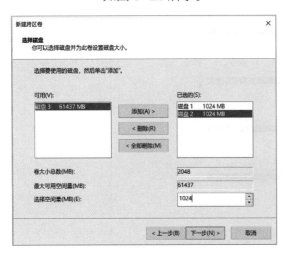

图 5-19

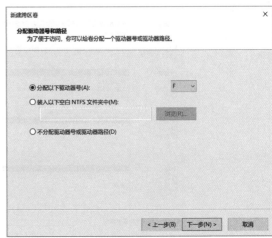

图 5-20

5）在"卷格式化"界面中，按默认设置，单击"下一步"按钮，如图 5-21 所示。

6）在"正在完成新建跨区卷向导"界面中，单击"完成"按钮。完成跨区卷的创建，如图 5-22 所示。

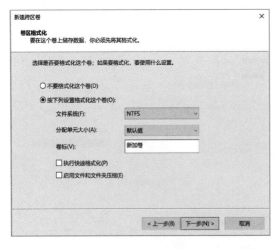

图 5-21

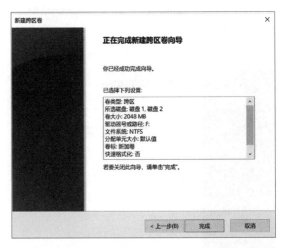

图 5-22

7）检查跨区卷的空间大小，如图 5-23 所示。

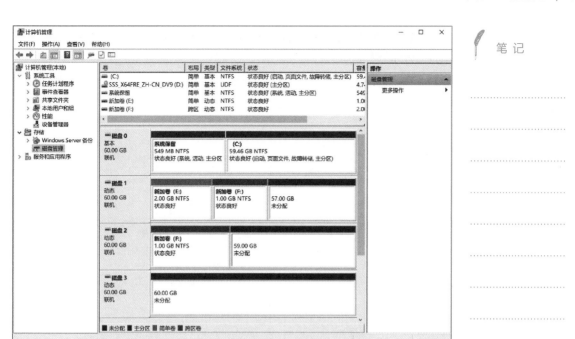

图 5-23

（5）创建带区卷

1）在磁盘 1 上，选择未分区区域，右击，在快捷菜单中选择"新建带区卷"。在"欢迎使用新建带区卷向导"界面中，单击"下一步"按钮，如图 5-24 所示。

2）选择"磁盘 3"，单击"添加"按钮，在"选择空间量（MB）"文本框中输入 1024。单击"下一步"按钮，如图 5-25 所示。

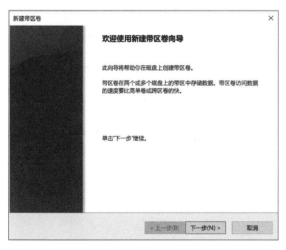

图 5-24

图 5-25

3）在"分配驱动号和路径"界面中，按默认设置，单击"下一步"按钮，如图 5-26 所示。

4）在"卷格式化"界面中，按默认设置，单击"下一步"按钮，如图 5-27 所示。

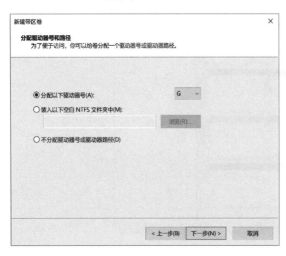

图 5-26

图 5-27

5）在"正在完成新建跨区卷向导"界面中，单击"完成"按钮。完成带区卷的创建，如图 5-28 所示。

6）检查带区卷的空间大小，如图 5-29 所示。

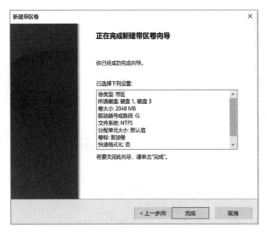

图 5-28

图 5-29

（6）创建镜像卷

1）在磁盘 1 上，选择未分区区域，右击，在快捷菜单中选择"新建镜像卷"，在"欢迎使用新建跨区卷向导"界面中，单击"下一步"按钮，如图 5-30 所示。

2）在"选择磁盘"界面中，可以看到"已选的"文本框中已有"磁盘1"，"可用"文本框还有"磁盘 3"可用，镜像卷必须有两块磁盘，如图 5-31 所示。

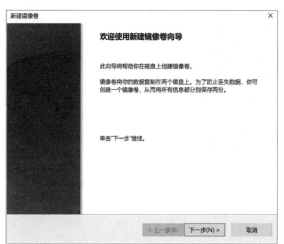

图 5-30　　　　　　　　　　　　　　　　　　图 5-31

3）选择"磁盘 3"，单击"添加"按钮，在"选择空间量（MB）"文本框中输入 1024。单击"下一步"按钮，如图 5-32 所示。

4）在"分配驱动号和路径"界面中，按默认设置，单击"下一步"按钮，如图 5-33 所示。

图 5-32　　　　　　　　　　　　　　　　　　图 5-33

5）在"卷区格式化"界面中，按默认设置，单击"下一步"按钮，如图 5-34 所示。

6）在"正在完成新建镜像卷向导"界面中，单击"完成"按钮。完成镜像卷的创建，如图 5-35 所示。

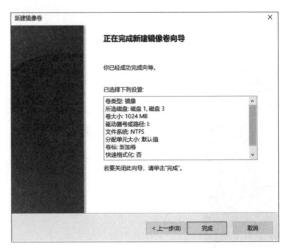

图 5-34　　　　　　　　　　　　图 5-35

7）检查带区卷的空间大小，如图 5-36 所示。

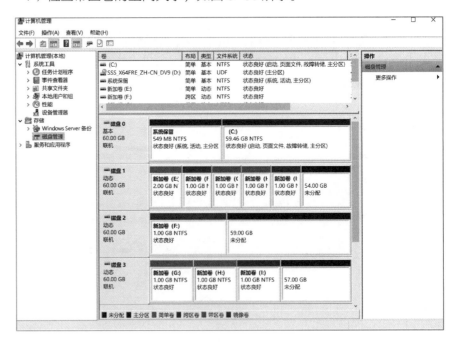

图 5-36

（7）创建 RAID-5 卷

1）在"磁盘 1"上，选择未分区区域，右击，在快捷菜单中选择"新建 RAID-5 卷"。

2）在"欢迎使用新建 RAID-5 卷向导"界面中，单击"下一步"按钮，如图 5-37 所示。

3）在"选择磁盘"界面中，可以看到在"已选的"文本框中已有"磁盘1"，在"可用"文本框中还有"磁盘 2"和"磁盘 3"可用，RAID-5 卷必须有 3 块磁盘，如图 5-38 所示。

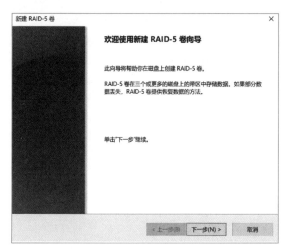

图 5-37   图 5-38

4）在"选择磁盘"界面中，选择"磁盘 2"，单击"添加"按钮，如图 5-39所示。

5）选择"磁盘 3"，单击"添加"按钮，如图 5-40 所示。

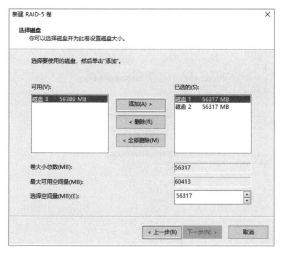

图 5-39   图 5-40

6）在"选择空间量（MB）"文本输入框中输入 1024，单击"下一步"按钮，如图 5-41 所示。

7）在"分区驱动器号和路径"界面中，按默认设置，驱动器号为 I，单击"下一步"按钮，如图 5-42 所示。

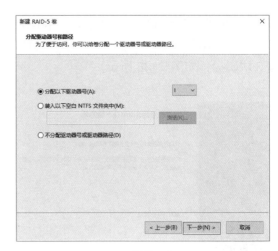

图 5-41   图 5-42

8）在"卷区格式化"界面中，按默认设置，把 I 盘格式化成 NTFS 文件系统，单击"下一步"按钮，如图 5-43 所示。

9）在"正在完成 RAID-5 卷向导"界面中，单击"完成"按钮，创建一个 2 GB 的 RAID-5 卷。检查 RAID-5 卷的空间大小，如图 5-44 所示。

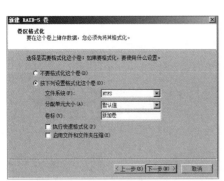

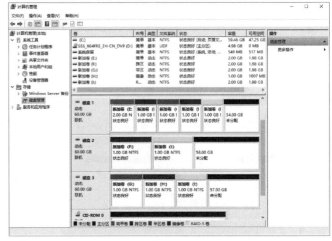

图 5-43   图 5-44

配置磁盘配额

PPT

任务 2　配置磁盘配额

【任务目标】

通过磁盘配额功能来限制用户在 NTFS 磁盘内的使用容量，可以避免个别用户占用大量的磁盘空间。

【任务场景】

为了限制用户的存储空间，需要对 test 文件夹进行存储配额，当文件夹存储容量达到 85 MB 时，进行告警，容量达到 100 MB 时，禁止写入。

【任务环境】

采用与任务 1 相同的任务环境。

【知识准备】

通过使用文件服务器资源管理器为卷或文件夹创建配额，可以限制用户占用的磁盘空间。当在卷或文件夹上创建配额时，可以使用配额基于"配额模板"或使用自定义属性。建议尽可能使用配额基于"配额模板"。

微课 PPT-5-2
任务 2　配置磁盘
配额

1. 配额模板

当使用配额的时候，管理员不需要为每个涉及配额的文件夹定义存储限额，而是创建一个配额模板并将其应用到文件夹，从而简化了配额策略的创建和维护。通过使用配额模板，管理员可以定义如下内容。

（1）配额磁盘空间的容量：用 KB、MB、GB 或者 TB 来定义空间的容量，并将其作为模板配额。

（2）硬配额或者软配额：硬配额不允许用户在达到空间限制后存储文件，而软配额在用户超过限制策略时进行警告，但是允许用户在超过限额的情况下继续存储文件。

（3）通知阈值：在接近或超过配额限制时自动生成的一组通知，如自动生成电子邮件警告、事件日志项或者执行某个脚本。

2. 使用配额

管理员创建好"用户配额"模板后，可以将该模板分配给用户的文件夹。当用户的义件夹存储容量接近配额限制时，配置通知阈值，可以发送电子邮件通知、记录事件、运行命令或脚本，或者生成存储报告。例如，当文件夹达到其配额限制的 85% 时，通知管理员以及保存该文件的用户，而当达到配额限制时发送另一个通知。如果以后决定允许为服务器上的每个用户增加空间，则只需更改"用户配额"模板中的空间限制并选择自动更新基于该配额模板的每个配额。

文件服务器资源管理器配额与 NTFS 磁盘配额的区别见表 5-1。

表 5-1

配额功能	文件服务器资源管理器配额	NTFS 磁盘配额
配额跟踪	按文件夹或按卷	卷上的每个用户
磁盘使用情况计算	实际磁盘空间	逻辑文件大小
通知机制	电子邮件、自定义报告、运行的命令或脚本、事件日志	仅事件日志

微课实验 5-2
任务 2 配置磁盘
配额

【任务实施】

1. 在 Server2 服务器上安装文件服务器资源管理器

（1）使用 GKY\administrator 域管理员登录 Server2 服务器，打开"服务器管理器"界面，单击"添加角色和功能"按钮，连续单击"下一步"按钮，在"选择服务器角色"界面中，展开"文件和存储服务"→"文件和 iSCSI 服务"，勾选"文件服务器资源管理器"复选框，单击"下一步"按钮，如图 5-45 所示。

（2）在"功能"面板中，单击"下一步"按钮，如图 5-46 所示。

图 5-45

图 5-46

（3）在"确认"面板中，勾选"如果需要，自动重新启动目标服务器"复选框，单击"安装"按钮，如图 5-47 所示。

（4）在"结果"面板中，显示开始安装中，等待安装完成后，单击"关闭"按钮，如图 5-48 所示。

图 5-47

图 5-48

2. 创建配额模板

（1）选择"开始"→"Windows 管理工具"→"文件服务器资源管理器"，

打开"文件服务器资源管理器"界面，如图 5-49 所示。

（2）展开"配额管理"，单击"配额模板"节点，在窗口右侧单击"创建配额模板"按钮，如图 5-50 所示。

图 5-49

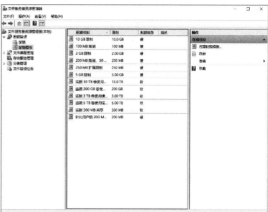

图 5-50

（3）打开"创建配额模板"对话框，在"模板名称"文本框中输入"100MBLimit"，在空间限制中的"限制"文本框中输入 100，并选择"硬配额"单选按钮，然后在"通知阈值"区中单击"添加"按钮，如图 5-51 所示。

（4）在"添加阈值"对话框中的"使用率达到（%）时生成通知"文本框中输入"85"。在"事件日志"选项卡中勾选"将警告发送至事件日志"复选框，单击"确定"按钮，如图 5-52 所示。

图 5-51

图 5-52

（5）在"创建配额模板"对话框中确认创建配额模板信息，单击"确认"按钮并查看配额模板名称"100MBLimit"是否已经在配额模板中，如图5-53所示。

3. 基于配额模板进行配置配额

（1）在"文件服务器资源管理器"控制台下，单击"配额"节点，在窗口右侧选择"创建配额"，如图5-54所示。

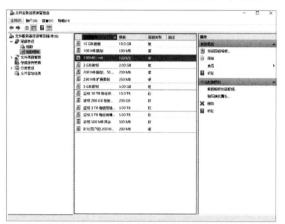

图 5-53

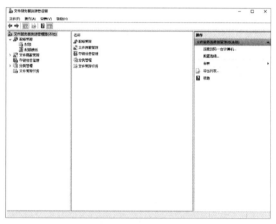

图 5-54

（2）在"创建配额"对话框中通过浏览方式确认配额路径为"C:\test"，选择"在路径上创建配额"单选框，在"从此配额模板派生属性"中选择"100MBLimit"模板，单击"创建"按钮，如图5-55所示。

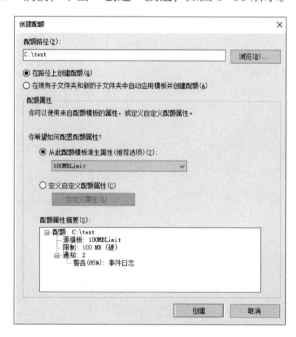

图 5-55

4. 通过生成多个大文件来测试配额是否工作

（1）打开 CMD 命令提示符，在 C:\test>下输入"fsutil file createnew file1.txt 89400000"命令，如图 5-56 所示，这样会创建一个超过 85 MB 的文件，会在"事件查看器"中产生一个警告。

```
C:\test>fsutil file createnew file1.txt 89400000
已创建文件 C:\test\file1.txt
```

图 5-56

（2）选择"开始"→"Windows 管理工具"→"事件查看器"命令，打开"事件查看器"控制台。

（3）在"事件查看器"控制台，展开"Windows 日志"选项，选择"应用程序"项，查找最新的 ID 为 12325 的事件，双击该事件，在"事件属性-事件 12325"对话框中显示此事件的警告信息，如图 5-57 所示。

图 5-57

（4）转到 C:\test>命令提示符下，输入"fsutil file createnew file2.txt 16400000"命令，提示"错误：磁盘空间不足"，如图 5-58 所示，因为超出了配额限制 100 MB，所以 file2.txt 文件不能被创建。

```
C:\test>fsutil file createnew file2.txt 16400000
错误：磁盘空间不足。
```

图 5-58

任务 3　配置文件屏蔽

配置文件屏蔽

【任务目标】

通过文件屏蔽功能来限制用户在 NTFS 磁盘内存入大容量的文件，可以优

笔 记

化磁盘空间的使用效益。

【任务场景】

公司要求禁止将某些类型的文件存放到公司的文件服务器 Server2 上，需要对 test 文件夹进行文件屏蔽，当向该文件夹存入可执行文件 .bat 时，将被禁止写入，并发出告警信息。

【任务环境】

采用与任务 1 相同的任务环境。

【知识准备】

微课 PPT-5-3
任务 3　配置文件
屏蔽

创建"文件屏蔽"可以阻止将属于特定"文件组"的文件保存到某个卷上或某个文件夹中。文件屏蔽影响指定路径中的所有文件夹。例如，可以创建文件屏蔽来阻止用户将音频和视频文件存储到其在服务器上的个人文件夹中。

无论在创建文件屏蔽之前就已保存到该路径的文件是否属于被阻止文件组的成员，文件屏蔽都不会阻止用户和应用程序访问这类文件。

1. 使用文件组

在开始使用文件屏蔽之前，必须先了解用于确定屏蔽哪些文件的文件组的角色。"文件组"用于定义文件屏蔽或文件屏蔽例外的命名空间。

文件组包含一组文件名模式，文件名模式分为要包含的文件和要排除的文件。

- 要包含的文件：属于该组的文件。
- 要排除的文件：不属于该组的文件。

例如，"音频文件"文件组可能包含如下文件名模式。

- 要包含的文件：*.mp*：包含采用 MPEG 格式（MP2、MP3 等）创建的所有音频文件。
- 要排除的文件：*.mpp：排除在 Microsoft Project 中创建的文件（.mpp 文件），根据 *.mp* 包含规则这些文件本应包含在内。

文件服务器资源管理器提供多个默认文件组，可以通过在"文件屏蔽管理"中单击"文件组"节点来查看这些文件组。可以定义其他文件组，或更改要包含和排除的文件。针对文件组所做的任何更改都会影响所有包含该文件组的现有文件屏蔽、模板和报告。

2. 文件屏蔽模板

为了简化文件屏蔽的管理，建议基于"文件屏蔽模板"创建文件屏蔽。Windows Server 2019 文件服务器资源管理器提供了多种默认文件屏蔽模板，这些模板可用于阻止音频和视频文件、可执行文件、图像文件和电子邮件文件，并可用于满足其他一些常见管理需求。但是在需要自定义文件屏蔽时，管理员可以创建新的文件屏蔽模板。文件屏蔽模板定义屏蔽类型（主动或被动）、要阻止的一组文件组，以及当用户尝试保存未经授权的文件时生成的一组通知。

- 文件组：管理员可以将文件类型定义到组。例如，Office 文件组包括 *.docx 文件和*.xlsx 文件。
- 主动屏蔽和被动屏蔽：主动屏蔽阻止用户在服务器上保存未经过身份验证的文件类型，并且在他们试图完成该操作时生成已配置的通知；被动屏蔽将已配置的通知发送至正在保存特定文件类型的用户，但是它并不阻止用户保存那些文件。
- 通知：当用户尝试保存文件屏蔽指定的文件类型时，会生成一个通知，这个通知可以自动生成电子邮件警告或者事件日志，执行一个脚本，并且生成一个报告并立即发送。

【任务实施】

1. 创建文件屏蔽

（1）使用 GKY\administrator 域管理员登录 Server2 服务器，选择"开始"→"Windows 管理工具"→"文件服务器资源管理器"，展开"文件屏蔽管理"，如图 5-59 所示，单击"文件屏蔽"节点，在窗口右侧选择"创建文件屏蔽"，打开"创建文件屏蔽"对话框。

微课实验 5-3
任务 3　配置文件屏蔽

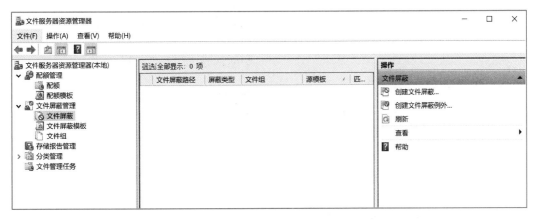

图 5-59

（2）在"创建文件屏蔽"对话框，通过浏览方式选择"文件屏蔽路径"为"C:\test\test1"，如图 5-60 所示。

（3）在"你希望如何配置文件屏蔽属性？"栏中，选择"定义自定义文件屏蔽属性"，如图 5-61 所示，并单击"自定义属性"按钮。

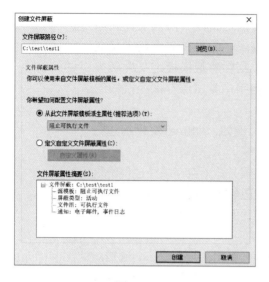 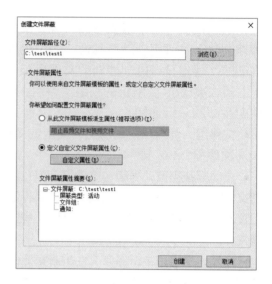

图 5-60   图 5-61

（4）在"C:\test\test1 上的文件屏蔽属性"对话框中，选择"设置"选项卡，单击"主动屏蔽"，并勾选"可执行文件"复选框，如图 5-62 所示。

（5）选择"事件日志"选项卡，选择"将警告发送至事件日志"复选框，单击"确定"按钮，如图 5-63 所示。

 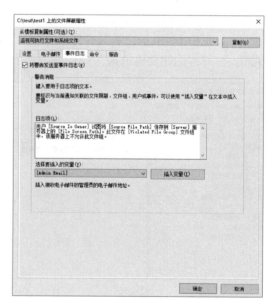

图 5-62   图 5-63

（6）在"创建文件屏蔽"对话框中，单击"创建"按钮，如图 5-64 所示。

（7）在"将自定义属性另存为模板"对话框中的"模板名称"文本框中输入"屏蔽可执行文件"，单击"确定"按钮，如图 5-65 所示。

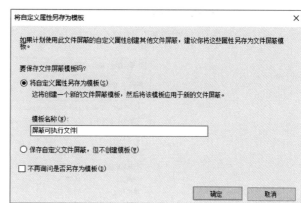

图 5-64　　　　　　　　　　　　　　　　　　　图 5-65

（8）查看文件屏蔽是否创建成功，如图 5-66 所示。

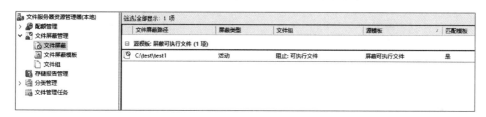

图 5-66

2. 测试文件屏蔽

（1）在 Server2 服务器上的 c:\test\test1 文件夹下，创建文本文档 test3.txt，如图 5-67 所示。

（2）将 test3.txt 文件的扩展名 "txt" 改为 "bat"，如图 5-68 所示，提示 "文件访问被拒绝"。

图 5-67　　　　　　　　　　　　　　　　　　　图 5-68

（3）检查事件查看器。在"事件查看器"控制台，展开"Windows 日志"选项，选择"应用程序"项，查找最新的 ID 为 8215 的事件，双击该事件，如图 5-69 所示，在"事件属性–事件 8215"对话框中显示此事件的警告信息。单击"关闭"按钮。

图 5-69

单元练习

1. 选择题

（1）公司的企业网络有一个单个 Active Directory 域，域中的所有服务器运行 Windows Server 2019 和所有客户端计算机上运行的 Windows 10，计划部署一个文件服务器，以确保用户数据与操作系统数据做物理分离，还需要确保如果磁盘出现故障，在服务器上的数据维护完整性，操作系统可以成功启动。要做到这一点，应选择（　　）以实现预期的目标。

  A. 分配三个磁盘到一个 RAID-5 卷上，用于存放用户数据

  B. 分配四个磁盘一个 RAID-5 的用户数据量

  C. 分配三个磁盘条带卷的用户数据

  D. 分配两个磁盘镜像卷，用于存放操作系统数据

（2）网络包含一台运行 Windwos Server 2019 名为 Server1 的文件服务器上，Server1 上有一个卷 E。在文件服务器资源管理器的控制台中，使用 100 MB 的模板在 E:盘上创建了一个新的配额。现在需要禁止用户上传音频和视频文件，还需要（　　）配置。

  A. 创建一个文件屏蔽

  B. 创建一个文件管理任务

  C. 修改这个配额

  D. 修改"视频文件和音频文件"文件组

（3）如果用户希望对数据进行容错，并保证较高的磁盘利用率，应将硬盘规划为（　　）。

    A. 带区卷

    B. 镜像卷

    C. 跨区卷

    D. RAID-5 卷

（4）有一台运行 Windows Server 2019 的文件服务器。该服务器上有一个共享文件夹。当用户在该共享文件夹中存储超过 500 MB 的数据时，需要收到相关通知，必须允许用户在该共享文件夹中存储 500 MB 以上的数据，正确的做法是（　　）。

    A. 创建软配额

    B. 创建硬配额

    C. 创建主动屏蔽文件屏蔽

    D. 创建被动屏蔽文件屏蔽

（5）公司的企业网络有一个单个 Active Directory 域，域中的所有服务器运行 Windows Server 2019 和所有客户端计算机上运行的 Windows 10。在域中的 10 台服务器上安装文件服务器角色，已被要求监视文件服务器和确保管理员应该能够创建报告，用来显示不同的 Active Directory 组使用文件夹的情况。如果有任何卷小于 500 MB 剩余空间，将收到自动电子邮件通知，并能启用文件存储配额，正确的做法是（　　）。

    A. 配置 Windows 系统资源管理器（WSRM）功能和事件订阅

    B. 配置 NTFS 配额和事件查看器任务

    C. 配置 NTFS 配额和性能监视器警报

    D. 配置文件服务器资源管理器（FSRM）角色服务、配额管理和存储报告管理

2. 问答题

（1）为什么压缩"用户"文件夹会导致存储配额使用容量减少？这与 NTFS 磁盘配额有何差别？

（2）当需要阻止一组常见的文件类型时，为了以最有效的方式阻止它们，应该创建什么？

（3）硬配额和软配额之间的区别是什么？

单元 6

配置和管理打印服务器

学习目标

【知识目标】

- 了解打印机的工作原理
- 了解打印机共享权限
- 了解打印机优先级的工作原理
- 了解打印池的工作原理

【技能目标】

- 掌握安装打印服务
- 掌握安装共享打印机
- 掌握利用打印机共享权限管理对打印机的访问
- 掌握设置打印机优先级
- 掌握设置打印可用时间
- 掌握配置打印池

【素养目标】

- 具备分析问题和解决问题的能力
- 具备沟通与团队协助的能力
- 具备计算机操作系统运维与管理的能力
- 具备良好的职业道德和敬业精神

教学导航

知识重点	打印机的安装与配置
知识难点	打印机权限管理
推荐教学方式	从工作任务入手，通过打印机的安装以及打印的配置，让读者从直观到抽象，逐步理解打印机的工作过程，掌握打印机的安装与配置
建议学时	4 学时
推荐学习方法	动手完成任务，在任务中逐渐了解打印机的安装与配置，掌握打印机的工作过程

安装与配置打印服务器

PPT

笔 记

任务 1 安装与配置打印服务器

【任务目标】

在打印服务器上安装打印机,并将其共享给网络上的其他用户使用。

【任务场景】

需要把运行 Server2 成员服务器配置为打印服务器,在该打印服务器上安装 2 台本地接口打印机和 1 台网络接口打印机,以上打印机设置为共享打印机,并在活动目录中发布,还需要在 Win10 客户端计算机添加以上共享打印机,以便用户使用。

【任务环境】

公司部署了基于域的网络基础架构,Server1 服务器为域控制器,Server2 服务器为成员服务器,Win10 为客户端计算机。任务环境示意图如图 6-1 所示。

域控制器
主机名:Server1
域名: gky.com
IP地址:192.168.1.1/24

成员服务器
主机名: Server2
IP地址: 192.168.1.2/24

客户端计算机
主机名: Win10
IP地址: 192.168.1.10/24

图 6-1

微课 PPT-6-1
任务 1 安装与配
置打印服务器

【知识准备】

通过将打印机设置为网络共享,即可供网络中所有的用户使用,而不必为每台计算机都安装一台打印机。打印服务器可以管理网络中的多台打印机,并分别为不同的打印机分配不同的打印任务。

运行 Windows Server 2019 的计算机可以作为打印服务器,在计算机上添加打印机并共享给其他用户。使用打印服务器打印有如下优点。

- 打印服务器集中管理打印机驱动程序设置。
- 每个用户都能够查看自己的打印作业在打印队列中的位置。
- 每个用户都可以知道打印机的实际状态。

● 可以向管理员提供日志，以便其审核打印机事件。

1. 打印服务器的客户端类型

系统管理员在运行 Windows Server 2019 的打印服务器上添加打印机后，客户端计算机立刻就能够访问新添加的打印机。

运行 Windows Server 2019 的打印服务器支持如下客户端。

（1）Microsoft 客户端

所有运行 Windows 的 16 位客户端需要安装 16 位打印驱动程序。32 位和 64 位 Windows 客户端需要下载安装相应的打印机驱动程序。

（2）NetWare 客户端

NetWare 客户端需要在打印服务器上安装有"Microsoft 文件和打印服务"，并且要求在打印服务器和每个客户端上安装 IPX/SPX 网络传输协议。

（3）Macintosh 客户端

Macintosh 客户端需要在打印服务器上安装"Microsoft Macintosh 打印服务"，并且要求在打印服务器和每个客户端上安装 Appletalk 网络传输协议。

（4）UNIX 客户端

UNIX 客户端需要在打印服务器上安装"Microsoft UNIX 打印服务"，支持远程行式打印机（LPR）规范的 UNIX 客户端使用行式打印机程序（LPD）连接到打印服务器上。

（5）支持 Internet 打印协议 IPP1.0 的客户端

支持 IPP1.0 的任何客户端都能够使用 HTTP 连接到打印服务器。

2. 安装和共享打印机

打印机设备与打印服务器连接通常有两种方式：本地打印机和网络打印机。本地打印机与计算机服务器是通过并行口（LPT）、通用串行总线（USB）、红外接口（IR）三种接口之一进行连接的，如图 6-2 所示，支持即插即用。网络打印机是通过 TCP/IP、IPX、AppleTalk 三种网络协议之一与打印服务器进行连接的，如图 6-2 所示。

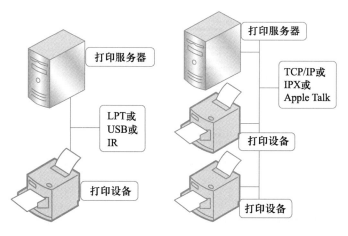

图 6-2

笔 记

安装和共享打印机，可以双击"控制面板"中的"打印机"选项，使用"添加打印机"向导添加和配置打印机端口，以及安装打印机驱动程序，并设置打印机共享。

【任务实施】

1. 在 Server2 服务器上安装"打印和文件服务"角色

（1）使用 GKY\administrator 域管理员登录 Server2 服务器，打开"服务器管理器"，选择仪表板处的"添加角色和功能"，连续单击"下一步"按钮，直到出现如图 6-3 所示的界面时，勾选"打印和文件服务"复选框，连续单击"下一步"按钮，在出现图 6-4 所示的界面时，勾选"Internet 打印"复选框，会同时安装 Web 服务器（IIS）角色，单击"下一步"按钮。

图 6-3

图 6-4

笔 记

（2）出现如图 6-5 所示的"安装进度"界面，表明"打印和文件服务"角色安装成功，即可关闭向导。

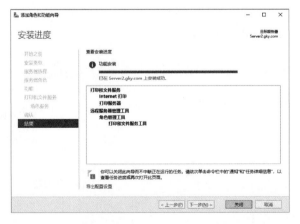

图 6-5

2. 安装本地接口打印机

（1）选择"开始"→"控制面板"→"硬件"→"设备和打印机"，打开

"设备和打印机"界面，单击"添加打印机"按钮。

（2）在"添加设备"对话框中，若没有搜索到需要添加的打印机，可通过单击"我所需的打印机未列出"按钮进行添加。

（3）在"添加打印机"对话框中，选择"通过手动设置添加本地打印机或网络打印机"，如图 6-6 所示，单击"下一步"按钮。

（4）出现如图 6-7 所示的"选择打印机端口"界面，选择"使用现有的端口(U)"，使用默认项"LPT1：（打印机端口）"，单击"下一步"按钮。

图 6-6

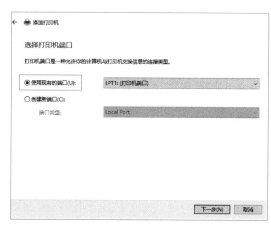

图 6-7

（5）出现如图 6-8 所示的"安装打印机驱动程序"界面，选择"MS Publisher Color Printer"，单击"下一步"按钮。

（6）在如图 6-9 所示的"键入打印机名称"界面中，将打印机名称定义为"Local Printer1"，单击"下一步"按钮。

图 6-8

图 6-9

（7）在图 6-10 所示的"打印机共享"界面中，选择"共享此打印机"，并添加注释"本地接口打印机"，单击"下一步"按钮。

（8）在"你已经成功添加 LocalPrinter1"界面中，勾选"设置为默认打印机"复选框，单击"完成"按钮。

（9）利用上述过程安装第 2 台本地接口打印机，使用端口 LPT2，打印机名称为"Local Printer2"，完成后的结果如图 6-11 所示。

图 6-10

图 6-11

3. 安装网络接口打印机

（1）选择"开始"→"控制面板"→"硬件"→"设备和打印机"，打开"添加设备"对话框，单击"添加打印机"按钮，出现如图 6-12 所示的对话框，选中"使用 TCP/IP 地址或主机名添加打印机"单选按钮，单击"下一步"按钮。

（2）出现图 6-13 所示的"键入打印机主机名或 IP 地址"界面，在"设备类型"栏中选择"TCP/IP 设备"，IP 地址和端口名称设置如图 6-13 所示，单击"下一步"按钮。

图 6-12

图 6-13

（3）出现如图 6-14 所示的"需要额外端口信息"界面，在"设备类型"项中选中"标准"单选按钮，选择"Generic Network Card"选项，单击"下一步"按钮。

（4）出现图 6-15 所示的"安装打印机驱动程序"界面，选择如图 6-15 所示的打印机，单击"下一步"按钮。

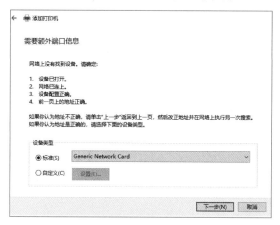

图 6-14   图 6-15

（5）在"选择要使用的驱动程序版本"界面中，勾选"使用当前已安装的驱动程序"复选框，单击"下一步"按钮。

笔 记

（6）在"键入打印机名称"对话框，设置名称为 NetworkPrinter，单击"下一步"按钮。

（7）在"打印机共享"界面，选择"共享此打印机以便网络中的其他用户可以找到并使用它"，并添加注释"网络接口打印机"，单击"下一步"按钮。

（8）在"你已经成功添加 NetworkPrinter"对话框，单击"完成"按钮。

4. 发布打印机

（1）选择 NetworkPrinter 打印机，右击"打印机属性"，打开"Network-Printer 属性"对话框，单击"共享"选项卡，如图 6-16 所示，勾选"共享这台打印机""在客户端计算机上呈现打印作业""列入目录"，以便将该打印机发布到 AD DS，让域用户可以通过 AD DS 来查找到这台打印机。

（2）参照上述操作，将 Local Printer1 和 Local Printer2 都发布到 AD DS。

5. 在 Server1 活动目录中查找打印机

使用 GKY\administrator 域管理员登录 Server1 域控制器，单击"服务器管理器"右上方的"工具"按钮，选择"Active Directory 用户和计算机"，在"Active Directory 用户和计算机"界面中单击"操作"菜单，在下拉菜单中选择"查找"，打开"查找打印机"对话框，在"查找"栏中选择"打印机"，在"范围"栏中选择"gky.com"，单击"开始查找"按钮，在下方的搜索结果中，即可看到活动目录中可使用的打印机，如图 6-17 所示。

6. 客户端计算机安装共享打印机

（1）使用 GKY\ITuser1 账户登录 Win10 客户端，选择"开始"→"控制面板"→"硬件和声音"→"设备和打印机"，打开"设备和打印机"界面，单击"添加打印机"按钮。

图 6-16

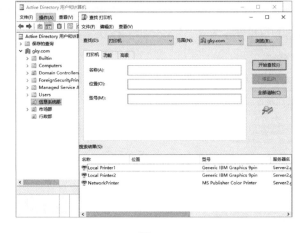

图 6-17

（2）在弹出的对话框中，选择"Server2 上的 Local Printer 1"，单击"下一步"按钮。

（3）成功添加后如图 6-18 所示，单击"完成"按钮。

（4）参照上述步骤（1）～（3）相同的方式，可以将 Server2 上的 Local Printer2 和 NetworkPrinter 添加到客户端中，在添加的过程中，可以勾选"设置为默认打印机"。完成后的效果如图 6-19 所示。

图 6-18

图 6-19

任务 2　管理打印服务

【任务目标】

安装共享打印机后，需要对共享打印机设置打印权限、打印优先级、打印可用时间和打印池等工作。

【任务场景】

为了管理好公司的共享打印机，需要做好如下工作。

（1）更改打印机权限，将信息系统部的员工对"Local Printer1"打印机具有"打印""管理此打印机""管理文档"等权限，其他用户只有"打印"权限。

（2）设置打印优先级。"Local Printer1"打印机的优先级为 1，"Local Printer2"打印机的优先级为 99。

（3）设置打印机可用时间。设置 Authenticates Users 组的用户只可以早上 9 点到下午 5 点使用打印机"Local Printer1"，而信息系统部员工可以全天使用打印机"Local Printer1"。

（4）启用打印池，将连接到打印服务器上的两台本地接口打印机，配置为打印池。

【任务环境】

公司部署了基于域的网络基础架构，Server1 服务器为域控制器，Server2 服务器为成员服务器，Win10 为客户端计算机。任务环境示意图如图 6-1 所示。

【知识准备】

1. 共享打印机权限

安装打印机后，这些打印机需要配置打印机安全设置，只允许适当的用户使用打印机，并且只赋予完成工作所需的最低访问级别。Windows 提供下列共享打印机的权限级别，即打印、管理打印机和管理文档。当在用户组上设置多重权限时，将应用最少限制的权限，但是"拒绝"权限比任何权限的优先级别都高。下面简要说明每个权限级别下用户能够执行的任务类别。

打印：用户能够连接到打印机并且发送文件打印。默认情况下，"打印"权限授予 Everyone 组的所有成员。

管理打印机：用户能够执行与"打印"权限相关的任务，并且有打印机完全的管理控制权限。用户能够暂停和重新启动打印机、更改后台打印设置、共享打印机、调整打印机权限和修改打印机属性。默认情况下，"管理打印机"权限授予 Administrator 和 Power Users 组的成员。

管理文档：用户能够暂停、恢复、重启、取消和重新安排其他用户提交的打印文档次序。但是，用户不能够发送文档到打印机，或者控制打印机状态。默认情况下，"管理文档"权限授予 Creator Owner 组的成员。

此处将打印机的权限种类与其所具备的功能见表 6-1。

微课 PPT-6-2
任务 2　管理打印
服务

表 6-1

具备的功能	打印机的权限		
	打印	管理文档	管理打印机
连接打印机与打印文件	√		√
暂停、继续、重新开始与取消打印用户自己的文件	√		√
暂停、继续、重新开始与取消打印所有的文件		√（见附注）	√
更改所有文件的打印顺序、时间等设置		√（见附注）	√
将打印机设置为共享打印机			√
更改打印机属性			√
删除打印机			√
更改打印机的权限			√

附注：用户被赋予管理文档权限后，并不能管理已经在等待打印的文件，只能管理在被赋予管理文档权限之后才提交到打印机的文件。

2. 打印机优先级

笔记

设置打印到同一台打印设备上的打印机的优先级可以安排打印文档优先次序。为了达到这个目的，需要创建指向同一台打印设备的多个逻辑打印机。然后，用户就能把急需打印的文档发往高优先级的逻辑打印机，而把不太急的文档发往低优先级的逻辑打印机。发往高优先级逻辑打印机的文档将优先打印。

设置打印优先级的主要任务如下。

（1）在同一台打印设备创建两个或更多逻辑打印机。

（2）在创建的逻辑打印机上设置不同的优先级。

（3）将不同组别的用户在不同的逻辑打印机上设置"打印"权限。

使用打印优先级的方法如图 6-20 所示，用户 1 把文档发送到优先级最低的（优先级为 1）逻辑打印机，而用户 2 把文档发送到优先级最高的（优先级为 99）逻辑打印机，用户 2 的文档将比用户 1 的文档优先打印。

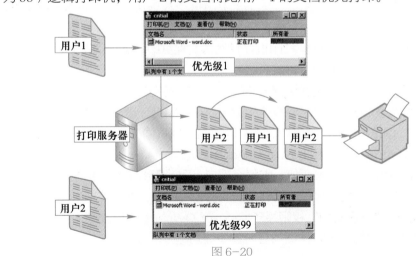

图 6-20

3. 安排打印机使用时间

有效使用打印机的一种方法就是为大型文档或特定类型的文档安排不同的打印时间。例如，如果单位工作时间的打印量很大，则要考虑为打印机安排使用时间，可以把大型文档安排到下班时间段打印的打印机，目的在于推迟这些文档的打印。后台打印程序继续接受这些文档，但是只有在指定的开始时间才会把这些文档发送到目的打印机。

安排打印机使用时间的方法是将同一台打印设备设置为不同的逻辑打印机，然后为每台逻辑打印机设置不同打印时间。例如，将一台打印机设置在全天 24 小时可以使用，而将另一台设置为 18 点到 24 点可以使用，让用户把大型文档只发送到晚间可用的打印机，而把其他所有文档发送到 24 小时可用的打印机。

4. 启用打印机池

如果公司打印工作量很大，打印机忙不过来，怎么办？一种办法是更换一台更高速的打印机，但是会增加很多的成本；另一种办法就是使用打印机池。打印机池有两个好处：一是可以提高打印速度，二是可以容错。有一台打印机出现故障，不会影响打印，而且成本也不高。

打印机池由一台通过打印服务器连接到多个打印设备的打印机组成，如图 6-21 所示。打印机池是一台逻辑打印机，它通过打印服务器的多个端口连接到多台打印机。处于空闲状态的打印机便可以接收发送到逻辑打印机的下一个文档。使用打印机池，用户打印文档时不再需要查找哪一台打印机目前可用，逻辑打印机将检查可用端口，并按端口的添加顺序将文档发送到各个端口。

设置打印机池之前，必须考虑如下要求。

● 打印机池中的所有打印机必须使用相同的驱动程序。

● 由于用户不知道指定的文档由打印机池中的哪一台打印设备打印，要求这些打印设备放在同一位置，否则会找不到打印输出的文件。

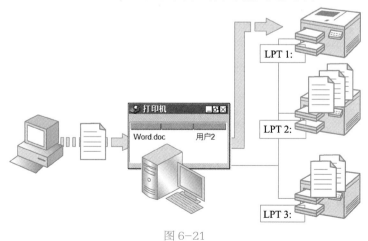

图 6-21

5. 管理等待打印的文件

当打印服务器接收到打印文件后，这些文件会在打印机排队等待打印，如果用户具备管理文件的权限，就可以针对这些文件执行管理的工作，如暂停打印、继续打印、重新开始打印与取消打印等。

【任务实施】

1. 利用 Web 浏览器管理共享打印机

（1）使用 GKY\ITuser1 账户登录 Win10 客户端，在 Web 浏览器中输入 http://server2/printers/，按 Enter 键，如图 6-22 所示。

（2）选择"Local Printer1"选项后，便可以查看、管理此打印机待打印的文件，如图 6-23 所示。图中显示当前用户 ITuser1 对 Local Printer1 只有"文档列表"权限。

图 6-22

图 6-23

2. 设置打印机权限

（1）在"Local Printer1 属性"对话框中，单击"安全"选项卡，如图 6-24 所示，选择 ITuser1（ITuser1@gky.com）选项，在下方的权限中，勾选"打印""管理此打印机"和"管理文档"三个权限的复选框，单击"确定"按钮。

（2）在 Win10 客户端中，使用 ITuser1 账户登录后，新建一个打印测试文档，如图 6-25 所示，用户验证赋予的打印权限是否生效。

图 6-24

图 6-25

（3）打开"打印测试文档"，选择"文件"→"打印"，打开"打印"对话框，如图 6-26 所示，选择 Local Printer1 打印机，单击"打印"按钮进行打印。然后，即可通过浏览器输入 http://server2/printers，可对该打印机 Local Printer1 进行管理，如暂停打印、继续打印、取消打印等。

图 6-26

3. 设置打印优先级

（1）设置 Local Printer1 的优先级为 1。使用 GKY\administrator 域管理员登录 Server2 服务器，打开"Local Printer1 属性"对话框，单击"高级"选项卡，如图 6-27 所示，将"优先级"值调整为"1"，单击"确定"按钮。

（2）设置 Local Printer2 的优先级为 99。打开"Local Printer2 属性"对话框，单击"高级"选项卡，如图 6-28 所示，将"优先级"值调整为"99"，单击"确定"按钮。

图 6-27

图 6-28

4. 设置打印机可用时间

（1）设置 Local Printer1 打印机可用时间为 9:00—17:00。打开"Local Printer1 属性"对话框，单击"高级"选项卡，如图 6-29 所示，选中"使用时间从"单选按钮，并将其值调整为"9:00"到"17:00"，单击"确定"按钮。

（2）设置 Local Printer2 打印机可用时间为 24 小时可用。打开"Local Printer2 属性"对话框，单击"高级"选项卡，如图 6-30 所示，选中"始终可以使用"单选按钮，单击"确定"按钮。

图 6-29

图 6-30

5. 设置打印机池

打开"Local Printer1 属性"对话框，单击"端口"选项卡，如图 6-31 所示，在端口列表中，勾选最下方的 "启用打印机池"复选框，选中"LPT1"和"LPT2"复选框，单击"确定"按钮。

图 6-31

1. 选择题

（1）某公司的企业网络包含两个 Windows Server 2019 计算机和两个相同的打印设备，应选择（　　）从一个中央位置来管理打印队列，并且在两台打印机之间平衡打印作业的负载。

  A. 在其中一台服务器上安装和共享一台打印机，启用打印机池

  B. 添加两个服务器到网络负载平衡群集，在群集的每个节点上安装一个打印机

  C. 在每个服务器上安装和共享一台打印机，然后使用打印管理器在客户端计算机上安装打印机

  D. 在两台服务器上安装终端服务服务器角色和配置终端服务会话 Broker（TS会话 Broker）

  E. 以上均不正确

（2）网络中包含一个活动目录域，有一台运行 Windows Server 2019 名为 Server1 的打印服务器，部署了一台新的打印设备并创建了共享打印机，需要确保只有市场部的用户可以使用这个打印机打印彩色图片，其他用户只能打印黑白文档，正确的配置方法是（　　）。

  A. 创建一个新的打印机接口

  B. 创建一个额外的打印机共享

  C. 修改域中的打印机对象

  D. 修改打印机共享的属性

（3）某公司有一个名为 SRV1 运行 Windows Server 2019 的服务器。SRV1 上默认安装了打印服务器角色。公司希望在 SRV1 上为 UNIX 和 Windows 用户集中打印，需要为在 SRV1 上打印的 UNIX 用户提供支持。（　　）方式可能实现这个目标呢。（每一个正确的答案代表一个完整的解决方案，选择两个选项）

  A. 在 SRV1 安装 Internet 打印角色服务

  B. 在 SRV1 安装的行式打印机监控（LPD）角色服务

  C. 配置上 SRV1 的打印机使用行式打印机远程打印

  D. 在 SRV1 上安装文件服务的服务器角色，并激活网络文件系统角色服务

（4）设置和使用网络打印机的流程正确的是（　　）。

  A. 在接有打印机的单机下安装本地打印机并将它设为共享，到要使用网络打印机的工作站上执行"添加打印机"查找网络打印机，找到后安装该打印机的驱动程序

  B. 在接有打印机的单机下安装本地打印机并将它设为共享，到"网上邻居"里查找网络打印机，找到后安装该打印机的驱动程序

  C. 到"网上邻居"里查找网络打印机，找到后安装该打印机的驱动程序

  D. 以上均不正确

（5）打印出现乱码的原因是（　　）。

笔 记

笔记

A. 计算机的系统硬盘空间（C 盘）不足

B. 打印机驱动程序损坏或选择了不符合机种的错误驱动程序

C. 使用应用程序所提供的旧驱动程序或不兼容的驱动程序

D. 以上均不正确

2. 简答题

（1）运行 Windows Server 2019 的打印服务器支持哪些客户端类型？

（2）请列举打印机的权限有哪些种类。

单元 7

配置和管理 DHCP 服务器

学习目标

【知识目标】

- 了解 DHCP 在网络基础架构中的作用
- 了解 DHCP 的工作原理
- 了解几种主要的 DHCP 作用域选项
- 了解 DHCP 中继代理的工作原理

【技能目标】

- 掌握添加并授权 DHCP 服务器服务的方法
- 掌握配置 DHCP 作用域
- 掌握配置 DHCP 选项
- 掌握配置 DHCP 中继代理

【素养目标】

- 具备分析问题和解决问题的能力
- 具备沟通与团队协助的能力
- 具备计算机操作系统运维与管理的能力
- 具备良好的职业道德和敬业精神

教学导航

知识重点	配置 DHCP 作用域和选项
知识难点	配置 DHCP 中继代理
推荐教学方式	从工作任务入手,通过 DHCP 服务器作用域的配置以及 DHCP 服务器中继代理的配置,让读者从直观到抽象,逐步理解 DHCP 服务器的工作过程,掌握 DHCP 服务器的安装与维护
建议学时	6 学时
推荐学习方法	动手完成任务,在任务中逐渐了解 DHCP 服务器的工作过程,掌握 DHCP 作用域和选项的配置

配置 DHCP 作用域

任务 1 配置 DHCP 作用域

【任务目标】

笔 记

通过配置 Windows Server 2019 DHCP 服务器，客户机自动获取 IP 地址和相关选项值。

【任务场景】

为了给公司的客户端计算机配置动态 IP 地址，需要在 Serve1 服务器上安装 DHCP 服务，并创建 DHCP 作用域，配置 DHCP 作用域选项，配置如下信息。

IP 地址范围：192.168.1.50—192.168.1.99

子网掩码：255.255.255.0

默认网关地址：192.168.1.254

DNS 服务器地址：192.168.1.1

【任务环境】

公司部署了域网络基础架构，其中服务器 Server1.gky.com 为域控制器、DNS 服务器和 DHCP 服务器，服务器 Server2.gky.com 为成员服务器，Win10.gky.com 为客户端计算机。任务环境如图 7-1 所示。

域控制器+DNS+DHCP
主机名：Server1.gky.com
IP地址：192.168.1.1/24
默认网关：192.168.1.254

成员服务器
主机名：Server2.gky.com
自动获取IP地址和选项值
保留地址：192.168.1.60/24

客户端计算机
主机名：Win10.gky.com
自动获取IP地址和选项值

图 7-1

微课 PPT-7-1
任务 1 配置 DHCP
作用域

【知识准备】

随着网络规模的不断扩大和网络复杂度的提高，计算机的数量经常超过可供分配的 IP 地址数量。同时，随着便携机及无线网络的广泛使用，计算机的位置也经常变化，相应的 IP 地址也必须经常更新，从而导致网络配置越来越复杂。

DHCP（Dynamic Host Configuration Protocol，动态主机配置协议）就是为满足这些需求而发展起来的。

笔 记

1. DHCP 概述

DHCP 也称为动态主机配置协议，是一种用于简化计算机 IP 地址配置管理的标准。采用 DHCP 可以很容易地完成 IP 地址的分配问题，以及解决经常发生的 IP 地址冲突。DHCP 采用客户端/服务器通信模式，由客户端向服务器提出配置申请，服务器返回 IP 地址、子网掩码和默认网关等相应的配置信息，以实现 IP 地址等信息的动态配置。在 DHCP 的典型应用中，一般包含一台 DHCP 服务器和多台客户端（如 PC 和笔记本电脑），如图 7-2 所示。

2. DHCP 的 IP 地址分配

（1）IP 地址分配策略

针对客户端的不同需求，通常提供如下三种 IP 地址分配策略。

1）手工分配地址：由管理员为少数特定客户端（如 WWW 服务器等）静态绑定固定的 IP 地址。

2）动态分配地址：DHCP 为客户端分配有效期限的 IP 地址，到达使用期限后，客户端需要重新申请地址。绝大多数客户端得到的都是这种动态分配的地址。

3）自动分配固定地址：通过 DHCP 将配置的固定 IP 地址发给客户端。

（2）IP 地址动态获取过程

DHCP 客户端从 DHCP 服务器动态获取 IP 地址，主要通过四个阶段进行，如图 7-3 所示。

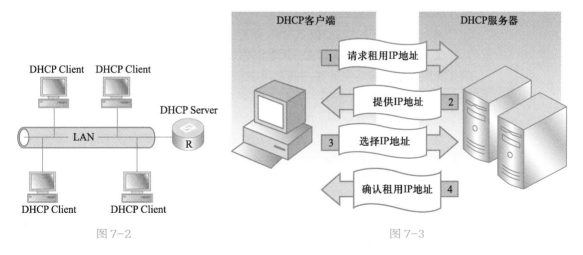

图 7-2　　　　　　　　　　　　　　　　图 7-3

① 请求租用 IP 地址阶段，即 DHCP 客户端寻找 DHCP 服务器的阶段。客户端以广播方式发送 DHCP-DISCOVER 报文。

② 提供 IP 地址阶段，即 DHCP 服务器提供 IP 地址的阶段。DHCP 服务器接收到客户端的 DHCP-DISCOVER 报文后，根据 IP 地址分配的优先次序选出一个 IP 地址，与其他参数一起通过 DHCP-OFFER 报文广播发送给客户端。

③ 选择 IP 地址阶段，即 DHCP 客户端选择 IP 地址的阶段。如果有多台 DHCP 服务器向该客户端发来 DHCP-OFFER 报文，客户端只接受第一个收到的 DHCP-OFFER 报文，然后以广播方式发送 DHCP-REQUEST 报文，该报文中包含 DHCP 服务器在 DHCP-OFFER 报文中分配的 IP 地址。

④ 确认租用 IP 地址阶段，即 DHCP 服务器确认 IP 地址的阶段。DHCP 服务器收到 DHCP 客户端发来的 DHCP-REQUEST 报文后，只有 DHCP 客户端选择的服务器会进行如下操作：如果确认将地址分配给该客户端，则返回 DHCP-ACK 报文；否则返回 DHCP-NAK 报文，表明地址不能分配给该客户端。

（3）IP 地址的租约更新

如果采用动态地址分配策略，则 DHCP 服务器分配给客户端的 IP 地址有一定的租借期限，当租借期满后服务器会收回该 IP 地址。如果 DHCP 客户端希望继续使用该地址，需要更新 IP 地址租约。

在 DHCP 客户端的 IP 地址租约期限达到一半时间时，DHCP 客户端会向为它分配 IP 地址的 DHCP 服务器单播发送 DHCP-REQUEST 报文，以进行 IP 租约的更新。如果客户端可以继续使用此 IP 地址，则 DHCP 服务器回应 DHCP-ACK 报文，通知 DHCP 客户端已经获得新 IP 租约；如果此 IP 地址不可以再分配给该客户端，则 DHCP 服务器回应 DHCP-NAK 报文，通知 DHCP 客户端不能获得新的租约。

如果在租约的一半时间进行的续约操作失败，DHCP 客户端会在租约期限达到 85% 时，广播发送 DHCP-REQUEST 报文进行续约。DHCP 服务器的处理方式同上，不再赘述。

（4）DHCP 服务器授权

在 Windows 2000 以前版本的网络系统中，只要网络中安装并配置了 DHCP 服务器，网络中的客户端就可以从这些 DHCP 服务器获得地址。如果网络中有多台 DHCP 服务器，那么 DHCP 客户端可能会从"非法的"DHCP 服务器上获得不同地址，从而导致网络通信故障。

为了解决这种问题，从 Windows 2000 Server 开始，在 DHCP 服务器中引入了"授权"功能。要求加入到 Active Directory 的 DHCP 服务器必须在 Active Directory 中经过"授权"，才能对外提供服务。如果 DHCP 服务器没有加入到 Active Directory，仍然可以在"未授权"的情况下提供服务。

Windows Server 2019 DHCP 服务器授权需要注意如下事项。

- 必须在 AD DS 环境中，DHCP 服务器才可以被授权。
- 在 AD DS 域中的 DHCP 服务器都必须被授权。
- 只有 Enterprise Admins 组的成员才有权限执行授权操作。
- 已被授权的 DHCP 服务器的 IP 地址会被注册到域控制器的 AD DS 数据库中。
- DHCP 服务器启动时，如果通过 AD DS 数据库查询到其 IP 地址已注册在授权列表，该 DHCP 服务就可以正常启动并对客户端提供出租 IP 地址的服务。

● 不是域成员的 DHCP 独立服务器无法被授权, 此独立服务器在启动 DHCP 服务时, 如果检查到在同一子网内, 有被授权的 DHCP 服务器, 它就不会启动 DHCP 服务, 否则可以正常启动 DHCP 服务, 并向 DHCP 客户端提供 IP 地址。

3. DHCP 作用域

DHCP 作用域是为了便于管理而对子网中使用 DHCP 服务的计算机 IP 地址进行的分组。网络管理员首先为每个物理子网创建一个作用域, 然后使用此作用域定义客户端所用的参数。

DHCP 作用域具有如下属性。

● IP 地址的范围: 可在其中包含或排除用于提供 DHCP 服务租用的地址。

● 子网掩码: 用于确定特定 IP 地址的子网。

● 作用域名称: 在创建作用域时指定该名称。

● 租用期限值: 该值被分配到接收动态分配的 IP 地址的 DHCP 客户端, 默认的租约期限为 8 天。

● DHCP 作用域选项: 如域名系统 (DNS) 服务器地址、路由器 IP 地址和 WINS 服务器地址等。

● 保留: 可以选择用于确保 DHCP 客户端始终接收相同的 IP 地址。

4. DHCP 选项

在 DHCP 服务器上可以从如下几个不同的级别管理 DHCP 选项。

（1）服务器选项

在此赋值的服务器选项默认应用于 DHCP 服务器中的所有作用域和客户端或由它们默认继承。"服务器选项" 在 DHCP 服务器安装后即存在, 如图 7-4 所示。在该选项上右击, 在弹出菜单中选择 "配置选项" 命令, 即可打开如图 7-5 所示的对话框。在其中可配置在 DHCP 控制台中显示的服务器选项类别。

图 7-4

图 7-5

（2）作用域选项

在此赋值的作用域选项仅应用于 DHCP 控制台树中选定的适当作用域中的客户端。同样, "作用域选项" 在 DHCP 服务器作用域创建后即存在, 如图 7-6 所示。在该选项上右击, 在弹出菜单中选择 "配置选项" 命令, 即可打开如图 7-7

笔 记

所示的对话框。在其中可配置在 DHCP 控制台中显示的作用域选项类别。

图 7-6　　　　　　　　　　　　　　　　图 7-7

（3）保留选项

为那些仅应用于特定的 DHCP 保留客户端的选项赋值。要使用该级别的指派，必须首先为相应客户端在向其提供 IP 地址的相应 DHCP 服务器和作用域中添加保留。这些选项为作用域中使用地址保留配置的单独 DHCP 客户端而设置。

配置方法也是在该选项上右击，在弹出菜单中选择"新建保留"命令，打开如图 7-8 所示的对话框。在这里可以为特定客户端提供静态的 IP 地址，也就是常说的"MAC 地址与 IP 地址的绑定"。

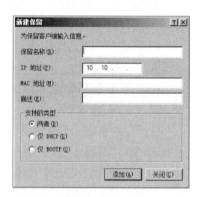

图 7-8

5. DHCP 选项冲突优先级

如果不同级别的 DHCP 选项出现冲突时，DHCP 客户端应用 DHCP 选项的完整优先级顺序如下。

（1）DHCP 客户端的手动配置具备最高的优先级，覆盖从 DHCP 服务器获得的值。

（2）如果具有保留选项，则保留选项覆盖作用域选项和服务器选项。

（3）如果具有作用域选项，则作用域选项覆盖服务器选项。

（4）如果具有服务器选项，则服务器选项的优先级是最低的。

由于不同级别 DHCP 选项配置适用的范围和对象不同，在考虑部署 DHCP 选项时，请根据不同级别 DHCP 选项配置的特性来进行选择。

6. 常用选项

在为客户端设置了基本的 TCP/IP 配置（如 IP 地址、子网掩码和默认网关）之后，大多数客户端还需要 DHCP 服务器通过 DHCP 选项提供其他信息。其中最常见的信息如下。

- 路由器。
- DNS 服务器。
- DNS 域。
- WINS 节点类型。
- WINS 服务器。

【任务实施】

1. 在域控制器 Server1 上安装 DHCP 服务，并授权

（1）使用 GKY\administrator 域管理员登录 Server1 域控制器，打开"服务器管理器"，单击"仪表板"处的"添加角色和功能"按钮，连续单击"下一步"按钮，直到出现"选择服务器角色"界面，如图 7-9 所示，勾选"DHCP 服务器"复选框，弹出"添加角色和功能向导"对话框，单击"添加功能"按钮。

（2）连续单击"下一步"按钮，直到出现"确认安装所选内容"界面，如图 7-10 所示，单击"安装"按钮。

图 7-9　　　　　　　　　　　　　　　　　图 7-10

（3）完成安装后，在"安装进度"界面中选择"完成 DHCP 配置"，如图 7-11 所示，打开"DHCP 安装后配置向导"界面，单击"下一步"按钮。

图 7-11

（4）在"授权"界面中，选择将这台服务器授权的用户账户，该账户需隶属于 Enterprise Admins 组的成员才有权限执行授权操作，如登录时所用的 \GKY\Administrator，设置完成后单击"提交"按钮，如图 7-12 所示。

（5）在"摘要"界面中单击"关闭"按钮，完成 DHCP 服务的安装和授权，如图 7-13 所示。

图 7-12

图 7-13

2. 添加作用域

（1）在 Server1 服务器中，单击"服务器管理器"右上角"工具"按钮，选中"DHCP"并单击打开 DHCP 控制台后，右击"IPv4"在弹出的菜单中选择"新建作用域"，如图 7-14 所示。

（2）在"欢迎使用新建作用域向导"界面中，单击"下一步"按钮。在"作用域名称"界面中，输入作用域命名"GKY 作用域"，单击"下一步"按钮。

（3）在"IP 地址范围"界面中，设置此作用域可出租给客户端的起始地址 192.168.1.50，结束地址 192.168.1.99、子网掩码的长度为 24，单击"下一步"按钮，如图 7-15 所示。

图 7-14

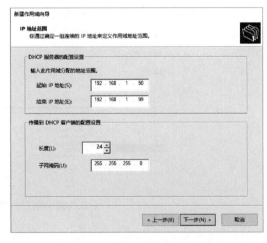
图 7-15

（4）在"添加排除和延迟"界面中，如果在 IP 作用域中有些 IP 地址通过静态的方式分配给客户端，则在此处将这些地址排除。否则直接单击"下一步"按钮。

（5）在"租用期限"界面中，可设置 IP 地址的租用期限，默认为 8 天，单击"下一步"按钮。

（6）在"配置 DHCP 选项"界面中，如图 7-16 所示，选择"是，我想现在配置这些选项"单选按钮后，单击"下一步"按钮。

（7）在"路由器（默认网关的）"对话框中，设置 IP 地址为 192.168.1.254，并单击"添加"按钮，然后单击"下一步"按钮，图 7-17 所示。

图 7-16　　　　　　　　　　　　　　　　　　图 7-17

（8）在"域名称和 DNS 服务器"对话框中，"父域"栏中的内容为"gky.com"，IP 地址为 192.168.1.1，如图 7-18 所示。单击"下一步"按钮。

图 7-18

（9）在"WINS 服务器"对话框中，直接单击"下一步"按钮。

（10）在"激活作用域"对话框中，单击"是，我想现在激活此作用域"，

笔 记

单击"下一步"按钮。

（11）在"正在完成新建作用域向导"对话框中，单击"完成"按钮。

（12）图 7-19 为配置完成后的界面。

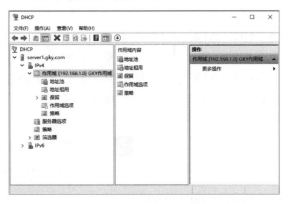

图 7-19

3. 测试客户端租用 IP 地址

（1）使用 GKY\administrator 域管理员登录 Win10 客户端，选择"开始"→"设置"→"网络和 Internet"，在"以太网"界面中单击"网络和共享中心"，打开"网络和共享中心"对话框，双击"Ethernet0"，在打开的"Ethernet0 状态"对话框中，单击"属性"按钮。在打开的"Ethernet0 属性"对话框中，定位到"Internet 协议版本 4（TCP/IP）"，单击"属性"按钮，设置 IP 地址和 DNS 服务器地址获取的方式为自动获取，如图 7-20 所示。单击"确定"按钮，返回"Ethernet0 属性"对话框，单击"关闭"按钮。

（2）在命令行模式使用 ipconfig /all 查看 IP 地址是否成功获取。如图 7-21 所示。

图 7-20

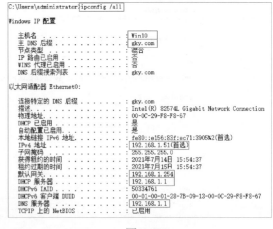

图 7-21

4. 设置服务器保留地址

（1）在 Server2 服务器上的 TCP/IPv4 属性中启用"自动获取 IP 地址"

"自动获取 DNS 服务器地址",如图 7-22 所示,并使用 ipconfig/all 命令查看
Server2 的物理地址,如图 7-23 所示。

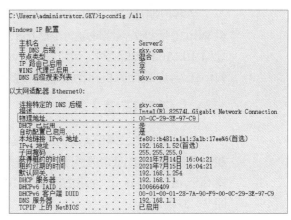

图 7-22　　　　　　　　　　　　　　　　　　　图 7-23

（2）在 Server1 服务器上单击"服务器管理器"右上角"工具"按钮,选
中"DHCP"后,单击打开 DHCP 控制台后,展开"IPv4"→"作用域",定
位到"保留",右击,在弹出的菜单中选择"新建保留"后,在打开的对话框中
输入保留的 IP 地址 192.168.1.60 和 Server2 服务器的 MAC 地址 00-0C-
29-3E-97-C9,单击"添加"按钮,如图 7-24 所示。

（3）在 Server2 服务器上使用 ipconfig /release 命令释放 IP 地址。

（4）使用 ipconfig /renew 命令重新获取 IP 地址,如图 7-25 所示。

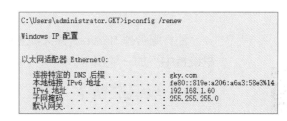

图 7-24　　　　　　　　　　　　　　　　　　图 7-25

任务 2　配置 DHCP 中继代理

配置 DHCP 中继代理

【任务目标】

通过 DHCP 中继代理,实现客户端自动获取 IP 地址。

笔 记

◆▶【任务场景】

当客户端计算机 Win10 与 Server1 服务器处于不同的子网，客户端计算机 Win10 所处的网络地址为 192.168.2.254/24，而 Server1 服务器所处的网络地址为 192.168.1.254/24，可以在 Server3 服务器上配置 DHCP 中继代理，实现 Win10 客户端计算机自动获取 IP 地址和选项值。

◆▶【任务环境】

公司部署了域网络基础架构，其中服务器 Server1.gky.com 为域控制器、DNS 服务器和 DHCP 服务器，服务器 Server2.gky.com 为成员服务器，服务器 Server3.gky.com 为路由器 Win10.gky.com 为客户端计算机。任务环境如图 7-26 所示。

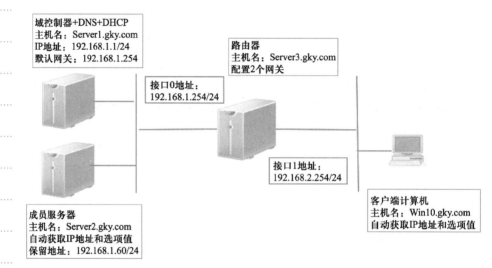

图 7-26

注：服务器 Server3 原来配置有一块网卡，本实验任务需在 Server3 虚拟机设置中添加一块网卡。

◆▶【知识准备】

微课 PPT-7-2
任务 2 配置 DHCP
中继代理

<u>1. DHCP 中继代理概述</u>

DHCP 中继代理可以是一台计算机，或者一台路由器，它侦听来自 DHCP 客户端的 DHCP/BOOTP 广播，然后把这些消息中转给不同的 DHCP 服务器。

通常路由器不传播广播。因此，没有附加的配置，DHCP 服务器只能向位于本地子网的客户端提供 IP 地址。如果需要向其他子网的客户端提供 IP 地址，就必须对网络进行配置。可以使用两种方案的任何一种来完成：一种方案是路由器必须支持 DHCP/BOOTP 中继代理功能（符合 RPC1542 规范），能够中转 DHCP/BOOTP 数据包通信，现在多数路由器或三层交换机都支持 DHCP 中继代理；另一种方案路由器不支持中转 DHCP/BOOTP 数据包通信，则需要在一台运行 Windows Server 2019 的计算机中安装 DHCP 中继代理组件，担当 DHCP 中继代理角色。DHCP 中继代理示意图如图 7-27 所示。

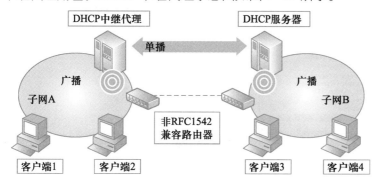

图 7-27

2. DHCP 中继代理工作原理

DHCP 中继代理的工作原理如下。

（1）子网 A 上的 DHCP 客户端广播 DHCPDISCOVER 数据包。

（2）子网 A 上的 DHCP 中继代理使用单点播送向子网 B 上的 DHCP 服务器发送 DHCPDISCOVER 消息。

（3）DHCP 服务器使用单点播送向 DHCP 中继代理发送 DHCPOFFER 信息。

（4）DHCP 中继代理向子网 A 上的 DHCP 客户端广播 DHCPOFFER 数据包。

（5）子网 A 上的客户端广播 DHCPREQUEST 数据包。

（6）DHCP 中继代理使用单点播送向子网 B 上的 DHCP 服务器发送 DHCPREQUEST 消息。

（7）DHCP 服务器使用单点播送向 DHCP 中继代理发送 DHCPACK 消息。

（8）DHCP 中继代理向子网 A 上的 DHCP 客户端广播 DHCPACK 数据包。

【任务实施】

1. 安装远程访问服务

（1）关闭 Server3 虚拟机，在 Server3 虚拟机的面板上选择"虚拟机"→"设置"选项，在"硬件"选项中单击"添加"按钮，选择"网络适配器"，单击新添加的"网络适配器 2"，在"虚拟机设置"对话框的右侧，单击"自定义"单选框，并选择"VMnet2"网络，如图 7-28 所示。

（2）开启 Server3 虚拟机，使用 GKY\administrator 域管理员登录 Server3 服务器。设置网卡 Ethernet0 的地址配置为 192.168.1.254/24，网卡 Ethernet1 的地址配置为 192.168.2.254/24。

（3）在域控制器 Server1 打开"服务器管理器"，单击"仪表板"处的"添

笔记

微课实验 7-2
任务 2　配置 DHCP
中继代理

加角色和功能"按钮，连续单击"下一步"按钮，直到出现"选择服务器角色"界面，如图 7-29 所示，勾选"远程访问"，单击"下一步"按钮。

图 7-28   图 7-29

（4）连续单击"下一步"按钮，直到出现"为远程访问选择要安装的角色服务"界面，勾选"DirectAccess 与 VPN（RAS）"和"路由"复选框，如图 7-30 所示，单击"下一步"按钮。

（5）连续单击"下一步"按钮，直到出现"确认安装所选内容"界面，单击"安装"按钮，完成安装后，单击"关闭"按钮。

2. 配置并启用路由和远程访问

（1）选择"服务器管理器"右上角"工具"，定位到"路由和远程访问"，单击打开"路由和远程访问"控制台后，选中"SERVER3（本地）"，右击，在弹出的菜单中选择"配置并启用路由和远程访问"，如图 7-31 所示，打开"路由和远程访问服务器安装向导"对话框，单击"下一步"按钮。

图 7-30   图 7-31

（2）在"配置"对话框中，选中"自定义配置"单选按钮，单击"下一步"按钮，如图 7-32 所示。

（3）在"自定义配置"界面中勾选"LAN 路由"复选框后，单击"下一步"按钮，如图 7-33 所示。

图 7-32

图 7-33

（4）在图 7-34 中，单击"完成"按钮，在接下来的界面中单击"启动服务"按钮。

（5）展开 IPv4 节点定位到"IPv4"下的"常规"，右击，在弹出的菜单中选择"新增路由协议"命令，如图 7-35 所示，打开"新增路由协议"对话框，选择"DHCP Relay Agent"后单击"确定"按钮。

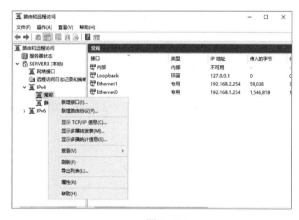

图 7-34

图 7-35

（6）定位到"IPv4"下的"DHCP 中继代理"，右击，在弹出的菜单中选择"属性"，打开"DHCP 中继代理属性"对话框，添加 DHCP 服务器的 IP 地址为 192.168.1.1 后，单击"确定"按钮，如图 7-36 所示。

（7）定位到"IPv4"下的"DHCP 中继代理"，右击，在弹出的菜单中选择"新增接口"后，单击打开"DHCP Relay Agent 的新接口"对话框，选择

"Ethernet1"，单击"确定"按钮。

图 7-36

注释：当 DHCP 中继代理收到通过 Ethernet1 接口收到的 DHCP 数据包，它会将它转发给 DHCP 服务器。

3. 在 DHCP 服务器创建作用域

在 Server1 域控制器，创建作用域，设置作用域名称为"中继代理作用域"，IP 地址的范围为 192.168.2.50/25—192.168.2.60/24，默认网关为 192.168.2.254/24，DNS 服务器 IP 地址为 192.168.1.1，并且激活此作用域。作用域的创建方法参见任务 1。

4. 测试客户端租用 IP 地址

（1）在虚拟机软件中，选择"Win10"虚拟机，右击，在弹出的菜单中选择"设置"，在"虚拟机设置"对话框中设置"网络适配器"的网络连接为自定义 VMnet2，如图 7-37 所示。

（2）在命令行模式使用 ipconfig /release 命令释放 IP 地址，并使用 ipconfig /renew 命令重新获得 IP 地址，查看 IP 地址是否成功获取，如图 7-38 所示。

图 7-37

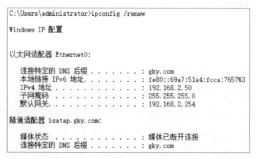

图 7-38

单元练习

1. 选择题

（1）公司所有的服务器使用操作系统为 Windows Server 2019，所有的服务器配置的是静态的 IP 地址，所有的客户端使用的操作系统为 Windows 10 专业版，所有的客户端计算机都被设置为 DHCP 客户端。公司有一个主办公室和一个分公室，两个公司由一个路由器分开，每一个办公室配置一个 DHCP 服务器。其中的一个 DHCP 服务器意外的关闭了，维修服务器使用了 4 个小时。在这段时间内，许多移动用户将他们的便携式电脑连接至网络并发现不能连接网络上的共享资源。在服务器维修好之后，在每个 DHCP 服务器上创建了一个包含另外一个办公室 IP 地址的新的作用域，关闭了主办公室的 DHCP 服务器来测试新的 DHCP 服务器，发现主办公室内的客户端计算机不能从分办公室的 DHCP 服务器上接收到 IP 地址，需要确认当一个办公室里的 DHCP 服务器失效时，客户端计算机可以从另一个办公室接收到正确的 IP 地址。正确的方法为（　　）（答案有两个）。

    A. 设置办公室之间的路由器，使其向前 BOOTP 式的广播

    B. 设置每个办公室内的 DHCP 服务器，使其拥有一个包含着另外的一个办公室的 IP 地址的 DHCP 作用域，并激活这个作用域

    C. 利用另外的网络适配器来设置每个办公室的 DHCP 服务器，将每个新的网络适配器连接至本地网络。从每个办公室的网络分配一个新的 IP 地址至新的网络适配器

    D. 安装和设置一个 DHCP 传播代理到每个办公室

（2）公司有一个总部和一个分部。分部中的用户报告说，他们无法访问总部的共享资源。发现分部中的计算机的 IP 地址处于 169.254.×.× 范围内，需要确保这些计算机既可连接到总部中的共享资源，又可连接到分部中的共享资源，正确的方法是（　　）。

    A. 在总部中的成员服务器上配置 DHCP 中继代理

    B. 在分部中的成员服务器上配置 DHCP 中继代理

    C. 配置"广播地址"DHCP 服务器选项以包含总部 DHCP 服务器地址

    D. 配置"资源定位服务器"DHCP 服务器选项以包含总部服务器 IP 地址

（3）某公司有一个 Active Directory 林，公司网络使用 DHCP 配置客户端计算机 IP 地址。DHCP 服务器为一台名为 WKS1 的便携式计算机预留了一个 DHCP 客户端保留地址。在网络中安装了第二台 DHCP 服务器，需要确保 WKS1 能从 DHCP 服务收到该 DCHP 保留地址，正确的做法是（　　）。

    A. 在 WKS1 上运行 ipconfig /renew 命令

    B. 在 WKS1 上运行 netsh add helper 命令

    C. 将 WKS1 的 DHCP 保留地址添加到第二台 DHCP 服务器

    D. 将两台 DHCP 服务器都添加到 Active Directory 域中的"RAS and IAS Servers"组中

（4）有一台运行 Windows Server 2019 的 DHCP 服务器，该 DHCP 服务器有两个

网络连接，分别名为 LAN1 和 LAN2，需要防止该 DHCP 服务器响应 LAN2 上的 DHCP 客户端请求。该服务器必须继续响应 LAN2 上的非 DHCP 客户端请求，正确的做法是（　　）。

    A. 从"DHCP"管理单元中，将绑定修改为只将 LAN1 与 DHCP 服务关联

    B. 从"DHCP"管理单元中，创建一个新的多播作用域

    C. 从 LAN1 网络连接的属性中，将跃点数设置为 1

    D. 从 LAN2 网络连接的属性中，将跃点数设置为 1

（5）某公司有 4 台运行 Windows Server 2019 的 DNS 服务器。每台服务器都有一个静态 IP 地址，为了防止 DHCP 将 DNS 服务器的地址分配给 DHCP 客户端，正确的做法是（　　）。

    A. 为 DNS 服务器创建一个新的作用域

    B. 为 DHCP 服务器创建保留地址

    C. 配置 005 名称服务器作用域选项

    D. 配置一个排除，其中包含 4 台 DNS 服务器的 IP 地址

2. 简答题

（1）使用 DHCP 的主要优点是什么？

（2）一次成功的地址租约会用到哪 4 个 DHCP 消息广播？

（3）在 DHCP 租约的哪种情况下，客户端会经常自动更新租约？

单元 **8**

配置和管理 DNS 服务器

🔍 **学习目标**

【知识目标】

- 了解 DNS 服务器的工作原理
- 了解 DNS 区域的基本概念
- 了解 DNS 资源记录的基本概念

【技能目标】

- 掌握 DNS 服务器角色安装
- 掌握 DNS 服务器和区域的配置
- 掌握 DNS 资源记录的配置

【素养目标】

- 具备分析问题和解决问题的能力
- 具备沟通与团队协助的能力
- 具备计算机操作系统运维与管理的能力
- 具备良好的职业道德和敬业精神

教学导航

知识重点	配置 DNS 区域和资源记录
知识难点	创建子域和委派
推荐教学方式	从工作任务入手，通过 DNS 服务器的创建，配置区域和资源记录，让读者从直观到抽象，逐步理解 DNS 服务器的工作过程，掌握 DNS 服务器的配置与维护
建议学时	4 学时
推荐学习方法	动手完成任务，在任务中逐渐了解 DNS 服务器的配置与管理，掌握 DNS 服务器的工作过程

创建 DNS 区域

笔 记

任务 1 创建 DNS 区域

【任务目标】

（1）掌握 Windows Server 2019 安装和配置 DNS 服务的方法。

（2）掌握 DNS 正向区域、反向区域和辅助区域的创建方法。

【任务场景】

需要在 Server1 和 Server2 服务器上安装 DNS 服务。为了部署公司内部的域名系统，在 Server1 服务器上创建 network.com 正向查找主要区域和反向查找主要区域，在 Server2 服务器上创建 network.com 辅助区域，并允许区域传送。

【任务环境】

公司部署了基于域的网络基础架构，Server1 服务器为域控制器，并安装 DNS 和 DHCP 服务，Server2 安装 DNS 服务，Win10 为客户端计算机。任务环境示意图如图 8-1 所示。

域控制器+DNS+DHCP
主机名：Server1.gky.com
IP地址：192.168.1.1/24
默认网关：192.168.1.254

DNS服务器
主机名：Server2.gky.com
IP地址：192.168.1.2/24

客户端计算机
主机名：Win10.gky.com
IP地址：192.168.1.10/24

图 8-1

注：设置 Win10 虚拟机的网络适配器网络连接模式与 Server1 和 Server2 虚拟机的网络适配器的网络连接模式相同。

【知识准备】

微课 PPT-8-1
任务 1 创建 DNS 区域

1. 域名系统概述

域名系统（DNS）是一种名称解析服务。DNS 是 Internet 命名方案的基础，也是 Windows 网络操作系统 Active Directory 域命名方案的基础。通过 DNS 可以使用便于记忆理解的字母数字名称来定位计算机和服务，也可以定位 Active Directory 目录服务中的电子邮件服务器和域名控制器等网络服务。

DNS 是一种包含 DNS 主机名到 IP 地址映射的分布式、分层式数据库。通过 DNS，数据库中的主机名可分布到多个服务器中，从而减少任何一台服务器的负载，并提供了分段分级管理命名系统的能力。由于 DNS 数据库是分布式的，其大小不受限制，并且其性能不会因服务器的增多而明显下降。

2. DNS 命名空间

DNS 命名空间包括根域、顶级域和二级域，可能还包括子域，如图 8-2 所示。DNS 名称空间和主机名共同构成完全合格的域名（FQDN，Fully Qualified Domain Name）。

DNS 命名空间是一种分级结构的名称树，DNS 使用该树标识和定位特定域中特定主机相对于树根的位置。在每个域级别上，用圆点（.）分隔每个从父级域派生的子域。

（1）根域

根域是 DNS 树中的根节点，根域没有名称，有时在末尾跟个圆点（.）来表示该名称位于域层次中的根或最上层。目前分布于全世界的根域服务器只有 13 台，全部由 Internet 网络信息中心（InterNIC）管理，在根域服务器中只保存其下层的顶级域的 DNS 服务器名称和 IP 地址的对应关系，并不需要保存全世界所有的 DNS 名称信息，如图 8-2 所示。

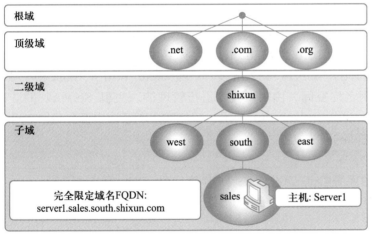

图 8-2

（2）顶级域

顶级域位于根域的下层，顶级域常用两个或三个字符的名称代码来表示，它标识了域名的组织或地理状态，见表 8-1。

表 8-1

国家顶级域名示例		机构顶级域名示例	
域名	国家	域名	机构
.cn	中国	.com	公司企业
.jp	日本	.edu	教育机构

续表

国家顶级域名示例		机构顶级域名示例	
域名	国家	域名	机构
.fr	法国	.gov	政府机构
.de	德国	.mil	军事机构
		.net	网络支持组织
		.org	非营利性组织

（3）二级域

二级域名是 InterNIC 正式注册给个人或组织的唯一名称，该名称没有固定的长度。例如，www.microsoft.com 的二级域名是".microsoft"，这是 InterNIC 注册并分配给微软公司的。

（4）子域

除了向 InterNIC 注册的二级域名外，大型组织可通过添加分支机构或部门来进一步划分其注册的域名。这些分支机构或部门有单独的名称部分来表示。子域名的一些示例为：.sales.shixun.com、.finance.shixun.com 等。

（5）完全合格域名

完全合格域名（FQDN）是能够明确表示其在域名空间树中精确位置的 DNS 域名。如图 8-2 显示了某通信公司的 DNS 域名称空间。根域和顶级域.net、.com 和.org 代表 Internet 名称空间，该名称空间由 Internet 管理组织进行管理的。二级域 shixun 及其子域 west、south、east 和子域 sales 都表示专用名称空间，由时讯公司进行管理的。主机 Server1 的 FQDN 为 server1.sales.south.shixun.com.，确切的表明了该主机在名称空间中相对于该名称空间的根的位置。

3. DNS 系统结构

DNS 系统由有三部分构成：DNS 客户端、DNS 服务器和 Internet DNS 服务器；其中 DNS 服务器上存储了资源记录，一般根域在因特网上，如图 8-3 所示。

图 8-3

（1）DNS 服务器：承载一个名称空间或部分名称空间，存储 DNS 资源记录，用于应答 DNS 客户端提交的名称解析请求。

（2）DNS 客户端：用于查询 DNS 服务器中资源记录相应的结果。

（3）DNS 资源记录：DNS 数据库中将主机名映射到资源的记录。

4. DNS 查询

DNS 查询是指发往 DNS 服务器的名称解析请求。主要有两种类型的查询：递归查询和迭代查询。DNS 客户端默认使用递归查询，DNS 服务器默认使用迭代查询。

（1）递归查询

递归查询是 DNS 客户端发往 DNS 服务器，要求其提供该查询完整答案的查询。对递归查询的有效查询要么应该是完整的答案，要么是表示无法解析名称的回复。不能将递归查询重定位到其他的 DNS 服务器，如图 8-4 所示。

图 8-4

DNS 客户端发往 DNS 服务器的递归查询工作过程如下。

1）客户端计算机 1 向本地 DNS 服务器发出递归查询。如查找 www.shixun.com 的 IP 地址。

2）本地 DNS 服务器检查正向查找区域和缓存，寻找该查询的答案。

3）如果 DNS 服务器找到该查询的答案，DNS 服务器将答案，如 IP 地址 172.16.64.11，返回给 DNS 客户端。

4）如果没有找到答案，DNS 服务器通过转发器和根提示来定位答案。

注：根提示是 DNS 服务器中的 DNS 资源记录，这些记录列出了 DNS 根服务器的 IP 地址。它存储在 %Systemroot%\System32\Dns 文件夹的 Cache.dns 文件中。

（2）迭代查询

迭代查询是指一台本地 DNS 服务器发往另外一台 DNS 服务器的查询。迭代查询的工作过程如图 8-5 所示。

1）本地 DNS 服务器收到从 DNS 客户端发来的递归查询。如计算机 1 向本地 DNS 服务器发出递归查询 www.shixun.com。

2）本地 DNS 服务器向根服务器发出迭代查询以获得授权名称服务器。根服务器做出响应，提供顶级域名的 DNS 服务器的链接地址。如承载.com 的 DNS 服务器的链接地址。

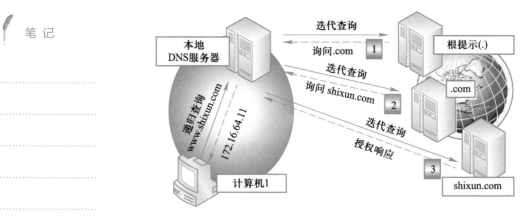

图 8-5

3）本地 DNS 服务器向下一级域名的 DNS 服务器发出迭代查询，如本地 DNS 服务器向承载.com 的 DNS 服务器发出迭代查询。

4）该过程将反复进行，直到本地 DNS 服务器收到一个授权响应，如承载.com 的 DNS 服务器会响应一个承载 shixun.com 的 DNS 服务器的链接地址；接下来，本地 DNS 服务器向 shixun.com 的 DNS 服务器发出一个迭代查询，以便从授权名称服务器上获得授权答案；最后，本地 DNS 服务器收到承载 shixun.com 的 DNS 服务器发来的授权响应。

5）本地 DNS 服务器将该授权响应发送给 DNS 客户端。如本地 DNS 服务器将主机名称为www.shixun.com 的 IP 地址 172.16.64.11 发给计算机 1。

5. DNS 区域

DNS 区域可以容纳一个或多个域的资源记录，如果有一个 DNS 域名称空间，那么就需要在一台 DNS 服务器上创建相对应的 DNS 区域，并且在这个区域包含有域中所能找到的全部资源记录。DNS 区域根据功能不同，可分为主要区域、辅助区域和存根区域。

（1）主要区域：用来创建和管理资源记录，DNS 客户端可以向主要区域查询、注册或者更新资源记录；

（2）辅助区域：是主要区域的只读副本，DNS 客户端只能向辅助区域查询资源记录，管理员无法更改辅助区域中的记录，在不同的 DNS 服务器上配置主要区域和辅助区域，当一台 DNS 服务器失效时可以提供容错功能。

（3）存根区域：只包含标识该区域的授权 DNS 服务器所需的资源记录，它的记录包含起始授权机构（SOA）、名称服务器（NS）和粘附主机记录；存根区域就像一个书签，它仅仅指向主管该区域的 DNS 服务器。

（4）根据客户端查询资源记录的方式不同，将 DNS 区域可分为正向查找区域和反向查找区域，具体说明如下。

1）正向查找区域是基于 DNS 域名的，通过查询主机名找到其 IP 地址。如计算机 1 需要查找 client2.shixun.com 的 IP 地址，DNS 服务器将搜索其正向查找区域 shixun.com，查找与主机名 client2.shixun.com 的 IP 地址，并把 IP 地址返回给计算机 1。

（2）反向查找区域是基于 in-addr.arpa 域名的，通过 IP 地址找到其主机名。如计算机 1 需要查找 192.168.1.46 的主机名，DNS 服务器将搜索其反向查找区域 1.168.192.in-addr.arpa，查找与 IP 地址关联的主机名，并把主机名返回给计算机 1。

（5）根据区域数据存放的方式不同，DNS 区域可分为标准区域和 Active Directory 集成区域。

1）标准区域的区域数据存放在本地文件中。

2）Active Directory 集成区域的区域数据存储在 Active Directory 中。Active Directory 集成区域的优点就是在 Active Directory 中存储 DNS 数据更安全，可以通过 Active Directory 的复制完成 DNS 区域复制。实现 Active Directory 集成 DNS 区域的条件是 DNS 服务器必须是域控制器。

微课实验 8-1
任务 1　创建 DNS 区域

【任务实施】

1. 在 Server2 服务器中安装 DNS 服务

Server1 服务器在安装 AD 域控制器时默认已经安装了 DNS 服务，只需在 Server2 服务器安装 DNS 服务即可。

（1）使用 GKY\administrator 域管理员登录 Server2 服务器，打开"服务器管理器"，单击"仪表板"处的"添加角色和功能"按钮，连续单击"下一步"按钮，直到出现"选择服务器角色"界面，如图 8-6 所示，勾选"DNS 服务器"复选框，弹出"添加角色和功能向导"对话框，单击"添加功能"按钮。

（2）连续单击"下一步"按钮，直到出现"确认安装所选内容"界面，如图 8-7 所示，勾选"如果需要，自动重新启动目标服务器"复选框，单击"安装"按钮。

图 8-6

图 8-7

笔 记

（3）完成安装后，在"结果"界面中单击"关闭"按钮，如图 8-8 所示。

图 8-8

2.　在 Server1 服务器中创建正向查找区域

（1）使用 GKY\administrator 域管理员登录 Server1 服务器，单击"服务器管理器"右上角"工具"按钮，选中"DNS"后，单击打开 DNS 控制台后，选中"正向查找区域"，如图 8-9 所示，右击，在弹出的菜单中选择"新建区域"，打开"新建区域向导"对话框，单击"下一步"按钮。

图 8-9

（2）在"区域类型"界面中选择"主要区域"，单击"下一步"按钮；在"Active Directory 区域传送作用域"界面中，选择"至此域中域控制器上运行所有 DNS 服务器"，单击"下一步"按钮；在"区域名称"界面中，输入区域名称 network.com，单击"下一步"按钮，如图 8-10 所示。

（3）在"动态更新"界面中，选择"只允许安全的动态更新"，单击"下一步"按钮。

（4）在"正在完成新建区域向导"界面中，单击"完成"按钮，如图 8-11 所示。

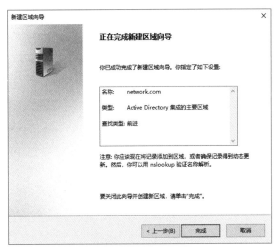

图 8-10 　　　　　　　　　　　　　　　　　　　图 8-11

（5）如图 8-12 所示的 network.com 为所建立正向区域。

3. 在 Server1 上创建反向查找区域

（1）在 Server1 服务器中选中"反向查找区域"，右击，在弹出的菜单中选择"新建区域"，如图 8-13 所示，打开"欢迎使用新建区域向导"界面，单击"下一步"按钮。

图 8-12 　　　　　　　　　　　　　　　　　　　图 8-13

（2）在"区域类型"界面中，选择"主要区域"，单击"下一步"按钮；在"Active Directory 区域传送作用域"界面中，选择"至此域中域控制器上运行的所有 DNS 服务器"，单击"下一步"按钮；在"反向查找区域名称"界面中，选择"IPv4 反向查找区域"，单击"下一步"按钮，在"反向查找区域名称"界面中，单击"网络 ID"单选按钮，输入网络 IP 为 192.168.1，单击"下

笔 记

一步"按钮，如图 8-14 所示。

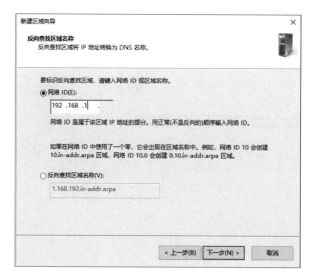

图 8-14

（3）在"动态更新"界面中，选择"只允许安全的动态更新"，单击"下一步"按钮。

（4）在"正在完成新建区域向导"界面中，单击"完成"按钮。

（5）如图 8-15 所示为所建立的反向查找区域。

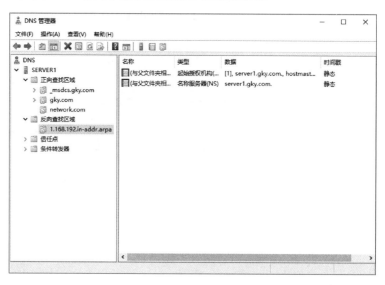

图 8-15

4. 在 Server2 服务器中创建辅助区域

（1）在 Server2 服务器中，单击"服务器管理器"右上角"工具"按钮，选中"DNS"后，单击打开 DNS 控制台后，选中"正向查找区域"，右击，从弹出的菜单中选择"新建区域",如图 8-16 所示,打开"新建区域向导"对话框。

（2）单击"下一步"按钮,在"区域类型"界面中,选中"辅助区域"单选按钮,单击"下一步"按钮,如图 8-17 所示。

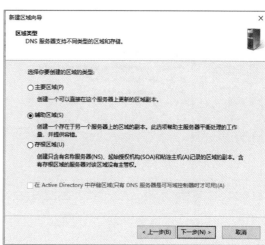

图 8-16

图 8-17

（3）在"区域名称"界面中,输入区域名称 network.com,单击"下一步"按钮,如图 8-18 所示。

（4）在"主 DNS 服务器"界面中,输入主 DNS 服务器的 IP 地址 192.168.1.1,单击"IP 地址",等待已验证为确定,单击"下一步"按钮,如图 8-19 所示。

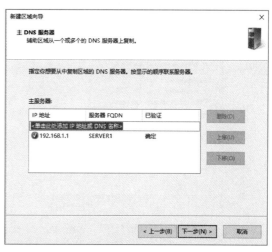

图 8-18

图 8-19

（5）在"正在完成新建区域向导"界面中,单击"完成"按钮。此时出现如图 8-20 所示的错误提示,说明主 DNS 不允许将区域记录传递给辅助 DNS。为解决这个问题,需配置"区域传送"。

（6）在 Server1 配置区域传送。如图 8-21 所示，打开 DNS 管理器，定位到 "network.com" 区域，右击，在弹出的菜单中选择 "属性"，打开 "network.com 属性" 对话框。

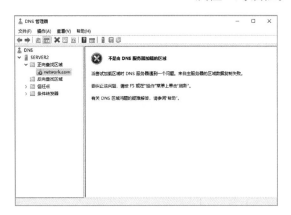

图 8-20　　　　　　　　　　　　　　　　　　　　图 8-21

（7）在 "network.com 属性" 对话框中，选择 "区域传送" 选项卡，选择 "允许区域传送" 复选框及 "只允许到下列服务器" 单选按钮后，单击 "编辑" 按钮，打开 "允许区域传送" 对话框，输入 IP 地址 192.168.1.2 后单击 "IP 地址"，单击 "确定" 按钮，如图 8-22 所示，再单击 "确定" 按钮。

（8）在 Server2 服务器上，定位到 "network.com" 区域，右击，在弹出的菜单中选择 "从主服务器传输" 或 "从主服务器传送区域的新副本" 来手动执行区域传送，如图 8-23 所示。

图 8-22　　　　　　　　　　　　　　　　　　　　图 8-23

注释：

● 从主服务器传输：会执行常规的区域传送操作，也就是如果依据 SOA 记录内的序号判断出在主 DNS 服务器内有新版本记录，就会执行区域传送。

● 从主服务器传送区域的新副本：不理会 SOA 记录的序号，重新从主 DNS 服务器复制完整的区域记录。

● 如果界面显示记录异常，可以尝试右击"network.com"区域，从弹出的菜单中选择"重新加载"来从区域文件重新加载记录。

（9）选择"network.com"并右击，在弹出的菜单中选择"刷新"，如图 8-24 所示为完成区域传送后，辅助 DNS 服务器的界面。

图 8-24

任务 2　配置区域和资源记录

配置区域和资源记录

【任务目标】

在 DNS 服务器的区域内创建各种类型的资源记录，并在 DNS 服务器上创建区域的子域，将子域的记录委派给 DNS 服务器管理。

【任务场景】

为了部署公司内部的域名系统，需要在 Server1 服务器上的 network.com 集成区域添加主机记录、别名记录、MX 邮件交换记录以及反向指针记录。在 Server2 服务器上创建 gky.com 区域的子域 gz，并在 gky.com 区域上创建委派。使用 nslookup 命令查看资源记录。

【任务环境】

公司部署了基于域的网络基础架构，Server1 服务器为域控制器，并安装 DNS 和 DHCP 服务，Server2 安装 DNS 服务，Win10 为客户端计算机。任务环境示意图如图 8-1 所示。

【知识准备】

　　每个 DNS 服务器包含有它所管理的 DNS 命名空间的所有资源记录。DNS 资源记录是用于解析 DNS 客户端请求的 DNS 数据库记录，不同的资源记录类型代表着存储在 DNS 数据库中不同类型的数据，表 8-2 中列举了不同的资源记录类型，以及每种类型的说明和示例。

表 8-2

资源记录类型	说明	示例
起始授权机构（SOA）	SOA 记录是区域文件中的第一条记录，包括区域的主 DNS 名称服务器。SOA 记录给出了区域复制所需的信息（如序列号、刷新间隔、重试间隔以及该区域的过期值）	解析 Shixun.com 区域的主 DNS 名称服务器为 NS1.shixun.com
名称服务器（NS）	NS 记录标识每个区域的 DNS 服务器，并存在于所有正向和反向查找区域，把域名解析为主机名	将 shixun.com 区域解析为主机名 DC1.shixun.com
主机（A）	A 记录是所有计算机注册的记录，把主机名解析为 IP 地址	SVR1.shixun.com 主机名解析为 IP 地址为 10.10.0.30
指针（PTR）	PTR 记录把 IP 地址解析为主机名称，只存在于反向查找区域	IP 地址 10.10.0.40 解析为 SVR2.shixun.com 主机名
别名（CNAME）	CNAME 记录把一个主机名解析成另一个主机名，在同一区域的主机记录中指定的主机名需要被重新命名时需要使用别名	www.shixun.com 主机名解析为 webserver1.shixun.com 主机名的别名
邮件交换器（MX）	MX 记录表示区域中存在简单邮件传输协议（SMTP）电子邮件服务器，将邮件服务器解析为主机名	Shixun.com 区域的邮件服务器解析为 mail.shixun.com
服务（SRV）	SRV 记录指出主机提供的网络服务，把网络服务解析为主机名和端口	_TCP_LDAP.shixun.com 网络服务解析为 DC1.shixun.com 主机名

【任务实施】

1. 添加正向查找区域资源记录

　　（1）在 Server1 上新建主机记录（A 记录），定位到 "network.com" 区域，右击，在弹出的菜单中选择 "新建主机（A 或 AAAA）"，打开 "新建主机" 对话框，输入 "名称" 为 Web "IP 地址" 为 192.168.1.2，勾选 "创建相关的指针（PTR）记录"，如图 8-25 所示，单击 "添加主机" 按钮。

　　（2）按步骤（1），继续创建主机记录 mail.network.com 和对应的 IP 地址 192.168.1.2，单击 "完成" 按钮，关闭 "新建主机" 对话框。

　　（3）在 Server1 上新建别名记录（CNAME），定位到 "network.com" 区域，右击，在弹出的菜单中选择 "新建别名（CNAME）"，打开 "新建资源记录" 对话框，输入 "别名" 为 WWW，"目标主机的完全合格的域名（FQDN）" 为 Web.network.com，如图 8-26 所示，单击 "确定" 按钮。

笔记

图 8-25　　　　　　　　　　　　　　图 8-26

（4）在 Server1 上新建邮件交换器记录（MX），定位到"network.com"区域，右击，在弹出的菜单中选择"新建邮件交换器（MX）"，打开"新建资源记录"对话框，输入"邮件服务器的完全限定域名（FQDN）"为 mail.network.com，如图 8-27 所示，单击"确定"按钮。

（5）创建完成的主机资源记录、别名资源记录和邮件交换资源记录如图 8-28 所示。

图 8-27　　　　　　　　　　　　　　图 8-28

（6）在 Server1 上新建指针记录（PTR），定位到反向查找区域"1.168.192.in-addr.arpa"，右击，在弹出的菜单中选择"新建指针（PTR）"，打开"新建资源记录"对话框，在"主机 IP 地址"栏中输入 192.168.1.2，"主机名"栏中输入"Server2.gky.com"，单击"确定"按钮。如图 8-29 所示。

图 8-29

（7）创建完成的指针记录如图 8-30 所示。

2. 创建子域与委派

（1）在 Server2 上新建子域 gz.gky.com。参照任务 1 创建正向查找主要区域，其中"区域名称"为 gz.gky.com，如图 8-31 所示。

图 8-30

图 8-31

（2）定位到"gz.gky.com"，创建主机记录 file.gz.gky.com，IP 地址为 192.168.1.2，如图 8-32 所示。

（3）在 Server1 选中"正向查找区域"，定位到"gky.com"，右击，在弹出的菜单中选择"新建委派"，如图 8-33 所示，打开"新建委派向导"对话框，单击"下一步"按钮。

（4）如图 8-34 所示，输入要"委派的域"为 gz，单击"下一步"按钮。

（5）如图 8-35 所示，单击"添加"按钮，打开"新建名称服务器记录"对话框。

（6）在"新建名称服务器记录"对话框，输入"服务器完全限定的域名（FQDN）"Server2.gky.com，单击"解析"按钮，"此 NS 记录的 IP 地址"

显示为 192.168.1.2，单击"确定"按钮，如图 8-36 所示。

图 8-32

图 8-33

图 8-34

图 8-35

（7）连续单击"下一步"按钮和"完成"按钮。

（8）如图 8-37 所示为最终界面，图中 gz 为创建的委派的子域，只包含一条名称服务器（NS）的记录，记载 gz.gky.com 的授权服务器是 server2.gky.com。

图 8-36

图 8-37

笔记

（9）在 Win10 客户端上使用 ping file.gz.gky.com 命令测试域名解释，如图 8-38 所示。

（10）在 Win10 客户端中利用 nslookup 命令查看 file.gz.gky.com 记录，如图 8-39 所示。

```
C:\Users\administrator>ipconfig /flushdns

Windows IP 配置

已成功刷新 DNS 解析缓存。

C:\Users\administrator>ping file.gz.gky.com

正在 Ping file.gz.gky.com [192.168.1.2] 具有 32 字节的数据:
来自 192.168.1.2 的回复: 字节=32 时间<1ms TTL=127
来自 192.168.1.2 的回复: 字节=32 时间<1ms TTL=127
来自 192.168.1.2 的回复: 字节=32 时间<1ms TTL=127
来自 192.168.1.2 的回复: 字节=32 时间<1ms TTL=127

192.168.1.2 的 Ping 统计信息:
    数据包: 已发送 = 4, 已接收 = 4, 丢失 = 0 (0% 丢失),
往返行程的估计时间(以毫秒为单位):
    最短 = 0ms, 最长 = 0ms, 平均 = 0ms
```

图 8-38

```
C:\Users\administrator>nslookup file.gz.gky.com
服务器:  UnKnown
Address:  192.168.1.1

非权威应答:
名称:    file.gz.gky.com
Address:  192.168.1.2
```

图 8-39

（11）清除 DNS 缓存。在 Win10 客户端中使用 ipconfig /displaydns 命令来查看 DNS 缓存内的记录，如图 8-40 所示。

（12）使用 ipconfig /flushdns 命令清除 DNS 客户端的缓存，如图 8-41 所示。

```
C:\Users\administrator>ipconfig /displaydns

Windows IP 配置

    file.gz.gky.com
    ----------------------------------------
    记录名称 . . . . . . : file.gz.gky.com
    记录类型 . . . . . . : 1
    生存时间 . . . . . . : 2680
    数据长度 . . . . . . : 4
    部分 . . . . . . . . : 答案
    A (主机)记录 . . . . : 192.168.1.2

    server1.gky.com
    ----------------------------------------
    记录名称 . . . . . . : Server1.gky.com
    记录类型 . . . . . . : 1
    生存时间 . . . . . . : 2960
    数据长度 . . . . . . : 4
    部分 . . . . . . . . : 答案
    A (主机)记录 . . . . : 192.168.1.1
```

图 8-40

```
C:\Users\administrator>ipconfig /flushdns

Windows IP 配置

已成功刷新 DNS 解析缓存。

C:\Users\administrator>ipconfig /displaydns

Windows IP 配置

无法显示 DNS 解析缓存。
```

图 8-41

单元练习

单元练习

1. 选择题

（1）公司在总部有多台 DNS 服务器，计划在分部中的某台成员服务器上安装 DNS，需要确保分部中的 DNS 服务器能够查询总部中的任何 DNS 服务器，并且需要限制传送到分部 DNS 服务器上的 DNS 记录的数量，正确的做法是（　　）。

A. 在分部 DNS 服务器上配置辅助区域

B. 在分部的 DNS 服务器上配置存根区域

C. 在总部的 DNS 服务器上配置存根区域

D. 在分部的 DNS 服务器上配置主要区域

（2）公司有一台名为 Server1 的 DNS 服务器，合作伙伴公司有一台名为 Server2 的 DNS 服务器，在 Server1 上创建了存根区域。该存根区域的主服务器（master）是 Server2。Server2 出现故障，发现用户无法解析合作伙伴公司的名称，需要确保用户在 Server2 失效的情况下仍能解析合作伙伴公司的名称，正确的做法是（   ）。

A. 将 Server1 上的存根区域更改为辅助区域

B. 打开 Server2 上的区域的 SOA 记录。将"最小（默认）TTL"设置为更改为 12 小时

C. 打开 Server2 上合作伙伴公司的 DNS 区域。创建一条新的"路由"（RT）记录以及 Server1 的新的主机（A）记录

D. 打开 Server2 上的主要 DNS 区域。创建一条新的"服务定位符"（SRV）记录以及新的 Server1 的主机（A）记录

（3）某公司中有一个 Active Directory 林，林中有一个名为 na.contoso.com 的 Active Directory 域。一台名为 Server2 的成员服务器运行 DNS 服务器角色。Server2 DNS 服务承载着多个辅助区域，包括 na.contoso.com，需要将 Server2 重新配置为仅缓存 DNS 服务器，正确的做法是（   ）。

A. 卸载 Server2 上的 DNS 服务，再重新安装该服务

B. 将 Server2 上的所有 DNS 区域都更改为存根区域

C. 先禁用 Server2 上的 DNS 服务，然后再启用

D. 从 Server2 上删除 na.contoso.com DNS 区域域，在 Server2 上重新启动 DNS 服务

（4）在 DNS 中"A"记录功能（   ）。

A. 提供把域名映射为 IP 地址的记录

B. 是反向地址解析的关键记录

C. 是为了创建别名

D. 是把 IP 地址映射为域名的记录

（5）在 Windows Server 的 DNS 服务器上不可以新建的区域类型有（   ）。

A. 转发区域　　B. 存根区域　　C. 辅助区域　　D. 主要区域

2. 简答题

（1）什么是正向查找区域和反向查找区域？

（2）什么是主机记录和指针记录？

（3）递归查询和迭代查询之间的差异是什么？

单元 9

配置和管理 FTP 服务器

学习目标

【知识目标】
- 了解 FTP 的作用
- 了解 FTP 的工作过程
- 了解 FTP 的数据传输模式

【技能目标】
- 掌握 FTP 服务器的安装
- 掌握 FTP 站点的配置
- 掌握 FTP 站点的安全管理
- 掌握在一台服务器上创建多个 FTP 站点

【素养目标】
- 具备分析问题和解决问题的能力
- 具备沟通与团队协助的能力
- 具备计算机操作系统运维与管理的能力
- 具备良好的职业道德和敬业精神

教学导航

知识重点	FTP 站点的创建与配置
知识难点	FTP 的权限管理
推荐教学方式	从工作任务入手，通过 FTP 站点的配置以及权限管理，让读者从直观到抽象，逐步理解 FTP 站点的工作过程，掌握 FTP 站点的创建与管理方法
建议学时	4 学时
推荐学习方法	动手完成任务，在任务中逐渐了解 FTP 的创建与配置，掌握 FTP 的工作过程

配置 FTP 站点

PPT

笔记

任务 1 配置 FTP 站点

【任务目标】

通过在服务器上部署 FTP 站点，实现文档的共享，让用户可以上传和下载该站点的文档。

【任务场景】

公司创建一个 FTP 站点用于文件的上传和下载，在 FTP 站点创建文件夹"文档中心"，并创建子文件夹"信息系统部文档""市场部文档""行政部文档"，信息系统部员工只能在文件夹"信息系统部文档"中读取和写入文档；市场部员工只能在文件夹"市场部文档"中读取和写入文档；行政部员工只能在文件夹"行政部文档"中读取和写入文档，文档结构如图 9-1 所示。

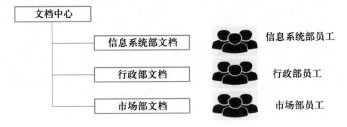

图 9-1

【任务环境】

公司部署了基于域的网络基础架构，Server1 服务器为域控制器，并安装 DNS 服务，Server2 为 FTP 服务器，Win10 为客户端计算机。任务环境示意图如图 9-2 所示。

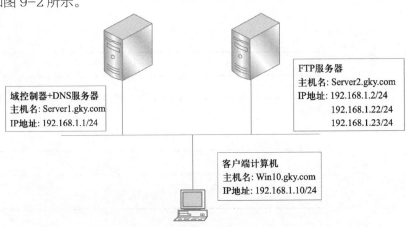

图 9-2

注：关闭 FTP 服务器的防火墙。

【知识准备】

1. FTP 简介

FTP 是 Internet 上最早应用于主机之间进行文件传输的标准协议，它定义了一个在远程计算机系统和本地计算机系统之间传输文件的标准，其细节在 RFC959 文档中进行说明。FTP 运行在 OSI 模型的应用层，利用传输控制协议，TCP 在不同的主机之间提供可靠的数据传输，由于 TCP 是一种面向连接、可靠的传输协议，正是这种可靠性保证了 FTP 传输的可靠性。在实际传输中，FTP 通过 TCP 来保证数据传输的正确性并在发生错误的情况下，对错误进行相应的修正。FTP 在文件传输中还具有的一个重要特点，即支持断点续传功能，这样可以大幅度地减小 CPU 和网络带宽的开销。

尽管目前通过 HTTP 方式也可以传输文件，但 FTP 仍然是跨平台直接传送文件的主要方式。一般来说，通过 FTP 传输文件要比其他协议（如 HTTP）更加有效，主要有如下两个原因。

（1）FTP 专用于文件传输，不像 HTTP 还有其他一些功能。FTP 的唯一工作就是确保文件正确的传输，除了校验发送和接收的文件是否一致以外，不会像 HTTP 那样停下来解释文件的内容。

（2）在通常情况下，FTP 事务处理是 FTP 服务器唯一工作。计算机的处理器资源被完全投入到 FTP 事务处理中，而不会被几个竞争服务器的工作所分割。

2. FTP 的工作过程

FTP 是一个客户端/服务器系统。用户通过一个支持 FTP 的客户端程序，连接到远程主机上的 FTP 服务器程序。用户通过客户端程序向服务器程序发出命令，服务器程序执行用户所发出的命令，并将执行结果返回给客户机。

一个 FTP 会话通常包括 5 个软件元素的交互见表 9-1，如图 9-3 所示描述了 FTP 的工作模型。

表 9-1

软件元素	说明
用户接口（UI）	提供了一个用户接口并使用客户端协议解释服务器的程序
客户端协议解释器（CPI）	向远程服务器协议机发送命令并且驱动客户数据传输过程
服务端协议解释器（SPI）	响应客户协议机发出的命令并驱动服务端数据传输过程
客户端数据传输协议（CDTP）	负责完成和服务器数据传输过程及客户端本地文件系统的通信
服务端数据传输协议（SDTP）	负责完成和客户数据传输过程及服务器端文件系统的通信

大多数 TCP 应用协议使用单个连接，一般是客户端向服务器的一个固定端口发起连接，然后使用这个连接进行通信。但是 FTP 协议有所不同，它在运作时要使用两个 TCP 连接。

笔 记

笔 记

在 TCP 会话中存在两个独立的 TCP 连接，一个是由 CPI 和 SPI 使用的，被称作控制连接；另一个是由 CDTP 和 SDTP 使用的，被称作数据连接。FTP 独特的双端口连接接口的优点在于：两个连接可以选择不同的合适的服务质量。例如，为控制连接提供更小的延迟时间，为数据连接提供更多的数据吞吐量。

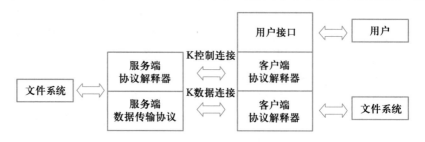

图 9-3

控制连接是在执行 FTP 命令时由客户端发起请求同 FTP 服务器建立连接。控制连接并不传输数据，只用来传输控制数据传输的 FTP 命令集及其响应。因此，控制连接只需要很小的网络带宽。

通常情况下，FTP 服务器监听端口 21 以等待控制连接建立请求。一旦客户端和服务器建立连接，控制连接将始终保持连接状态，而数据连接端口 20 仅在传输数据时开启。在客户端请求获取 FTP 文件目录，上传文件和下载文件时，客户端和服务器将建立一条数据连接，这里的数据连接是全双工的，允许同时进行双向的数据传输，并且客户端的端口号是随机产生的，多次建立的连接客户的端口号是不同的，一旦传输结束，就立即释放这条数据连接，FTP 客户端和服务器请求连接、建立连接、数据传输、数据传输完成、断开连接的过程如图 9-4 所示，其中客户端端口 1088 和 1089 是在客户端随机产生的。

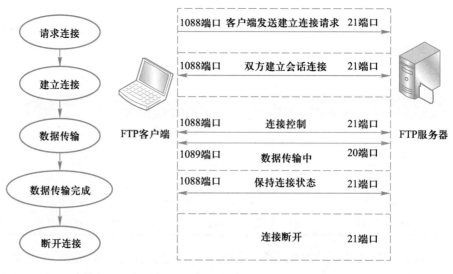

图 9-4

3. FTP 的数据传输模式

FTP 的数据传输模式是针对 FTP 数据连接而言的，分为主动传输模式、被动传输模式和单端口传输模式 3 种。

（1）主动传输模式

当 FTP 的控制连接建立后，且客户端提出目录列表、传输文件的请求时，客户端发出 PORT 指令与服务器进行协商，FTP 服务器使用一个标准的端口 20 作为服务器的数据连接端口（ftp-data）与客户端建立数据连接。FTP 主动传输模式数据连接的建立过程如图 9-5 所示。

在主动传输模式下，FTP 的数据连接和控制连接方向相反，也就是说，由服务器向客户端主动发起一个用于数据传输的连接。客户端的连接端口由服务器端和客户端通过协商确定。

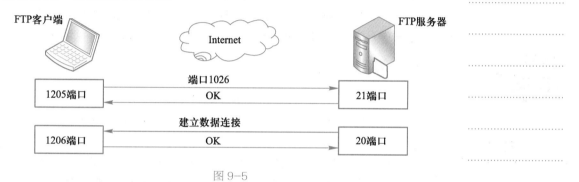

图 9-5

（2）被动传输模式

当 FTP 的控制连接建立，且客户端提出目录列表、传输文件时，客户端发送 PASV 命令使服务器处于被动传输模式，FTP 服务器等待客户端与其联系。FTP 服务器在非 20 端口的其他数据传输端口（ftp-data）上监听客户端请求。FTP 被动传输模式数据连接的建立过程如图 9-6 所示。

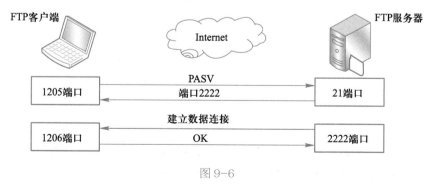

图 9-6

在被动传输模式下，FTP 的数据连接和控制连接方向一致，也就是说，由客户端向服务器发起一个用于数据传输的连接。客户端的连接端口是发起该数据连接请求时使用的端口。

当 FTP 客户在包过滤防火墙之外访问 FTP 服务器时，需要使用被动传输模式，因为在通常情况下，防火墙允许所有内部向外部的连接通过，但是对于外部向内部发起的连接却存在诸多限制。在这种情况下，客户端可以正常地和服务器建立连接控制，而如果使用主动传输模式，is、put 和 get 等数据传输命令就不能成功执行，因为防火墙会阻塞从外部服务器向内部客户端发起的数据传输连接。简单包过滤防火墙把控制连接和数据传输连接完全分离开处理，因此很难通过配置防火墙允许主动传输模式的 FTP 数据传输连接通过，而使用被动传输模式一般可以解决此类问题，因为在被动传输模式下，数据连接是由客户端发起的。不过，需要查看 FTP 服务器和客户端程序是否支持被动传输模式。

（3）单端口传输模式

除上述两种模式之外，还有一种单端口模式。该模式的数据连接请求由 FTP 服务器发起。使用该传输模式时，客户端的控制连接端口和数据连接端口一致。因为这种模式无法在短时间连续输入数据、传输命令，因此并不常用此模式。

【任务实施】

1. 在 Server2 服务器上安装 FTP 服务

（1）使用 gky\administrator 域管理员登录 Server2 服务器，打开"服务器管理器"界面，如图 9-7 所示。

（2）选择"仪表板"→"添加角色和功能"，打开"添加角色和功能向导"对话框，连续单击"下一步"按钮，在"选择服务器角色"界面中展开"Web 服务器（IIS）"项，勾选"FTP 服务器"下的"FTP 服务"，如图 9-8 所示，单击"下一步"按钮。

图 9-7

图 9-8

（3）在"确认安装所选内容"界面中，勾选"如果需要，自动重新启动目标服务器"复选框，单击"安装"按钮，如图 9-9 所示。

（4）在提示安装成功的界面中，表明已经成功安装了 FTP 服务，如图 9-10 所示，单击"关闭"按钮。

2. 新建"FTP 站点"

（1）在 Server2 服务器的 C 盘中创建"文档中心"文件夹，在"文档中心"

文件夹中新建三个文件夹，依次命名为"行政部文档""市场部文档""信息系统部文档"，如图 9-11 所示。

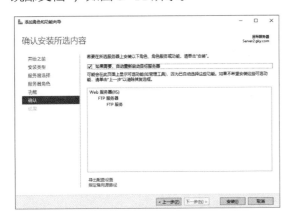

图 9-9　　　　　　　　　　　　　　　　　　图 9-10

（2）在"服务器管理器"主窗口中，选择"工具"→"Internet Information Services(IIS)管理器"，打开"Internet Information Services (IIS)管理器"界面，定位到"网站"选项，右击，在弹出菜单中选择"添加 FTP 站点"，如图 9-12 所示。

图 9-11　　　　　　　　　　　　　　　　　　图 9-12

（3）在"添加 FTP 站点"向导的"站点信息"界面中，在"FTP 站点名称"文本框中输入为"文档中心"，"内容目录"的"物理路径"为"C:\文档中心"，单击"下一步"按钮，如图 9-13 所示。

（4）在"绑定和 SSL 设置"界面中，绑定本服务器 IP 地址为"192.168.1.2"，勾选"自动启动 FTP 站点"，单击"无 SSL"单选按钮，单击"下一步"按钮，如图 9-14 所示。

（5）在"身份验证和授权信息"界面中，在"身份验证"项目中选中"匿名"和"基本"复选框，在"允许访问"下拉列表中选择"所有用户"，在"权限"项目中选中"读取"和"写入"复选框，如图 9-15 所示，单击"完成"按钮，完成 FTP 站点的添加。

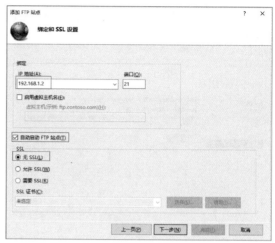

图 9-13　　　　　　　　　　　　　　　　　　　图 9-14

3. 任务验证

（1）使用 gky\ITuser1 账户登录 Win10 客户端，打开资源管理器，在地址栏中输入"ftp:// 192.168.1.2"后按 Enter 键，即可打开已建立的 FTP 站点，并且可以看到站点内的 3 个子目录，如图 9-16 所示。

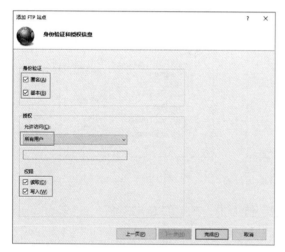

图 9-15　　　　　　　　　　　　　　　　　　　图 9-16

（2）在 Server2 服务器中的"Internet Information Services(IIS)管理器"对话框中选择"文档中心"，在"文档中心 主页"中双击"FTP 身份验证"，设置"匿名身份验证"为"已禁用"，如图 9-17 所示。

（3）在 Win10 客户端打开资源管理器，在地址栏中输入"ftp:// 192.168.1.2"后按 Enter 键，弹出"登录身份"对话框，如图 9-18 所示，输入正确的用户名 gky\ITuser1 和密码后按 Enter 键，即可打开 FTP"文档中心"的文档目录。

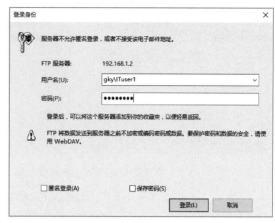

图 9-17　　　　　　　　　　　　　　　　　图 9-18

4. FTP 站点权限配置

（1）在 Server2 服务器的"Internet Information Services(IIS)管理器"
对话框中选择"行政部文档"，在"行政部文档 主页"双击"FTP 授权规则"，
单击右侧的"添加允许规则…"按钮，如图 9-19 所示。

（2）在"添加允许授权规则"对话框中，单击"指定的角色或用户组"单
选按钮，并输入行政部本地域组"DLGSgroup"，并勾选"读取"和"写入"
权限，如图 9-20 所示，单击"确定"按钮。

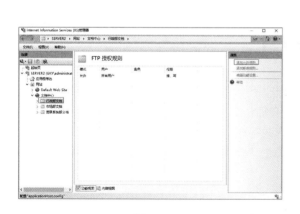

图 9-19　　　　　　　　　　　　　　　　　图 9-20

（3）返回"Internet Information Services(IIS)管理器"对话框，如图 9-21
所示，选择"允许所有用户"规则，在右侧窗口"操作"栏单击"删除"操作，
如图 9-22 所示。

（4）右击"行政部文档"，在弹出的菜单中选择"编辑权限"，如图 9-23
所示，打开"行政部文档 属性"对话框。

图 9-21

图 9-22

（5）在"行政部文档 属性"对话框中选择"安全"选项卡，单击"编辑"按钮，在"行政部文档的权限"对话框中，单击"添加"按钮，添加行政部本地域组"DLGSgroup"，并赋予完全控制权限，如图 9-24 所示，单击"确定"按钮。

图 9-23

图 9-24

（6）依据上述操作，为市场部授予访问 FTP 中"市场部文档"的权限。在"添加允许授权规则"窗口，设置市场部本地域组"DLGMgroup"具有"读取"和"写入"权限，如图 9-25 所示，单击"确定"按钮。

（7）返回"Internet Information Services(IIS)管理器"对话框，选择"允许所有用户"规则，在右侧窗口"操作"栏单击"删除"操作。

（8）右击"市场部文档"，在弹出的菜单中选择"编辑权限…"，打开"市场部文档 属性"对话框，在"市场部文档 属性"对话框中选择"安全"选项卡，单击"编辑"按钮，在"市场部文档的权限"对话框中，单击"添加"按钮，添加市场部本地域组"DLGMgroup"，

图 9-25

并赋予完全控制权限，如图 9-26 所示，单击"确定"按钮。

（9）依据上述操作，为给信息系统部授予访问 FTP 中"信息系统部文档"的权限。在"添加允许授权规则"窗口，设置信息系统部本地域组"DLGITgroup"具有"读取"和"写入"权限，如图 9-27 所示，单击"确定"按钮。

（10）返回"Internet Information Services(IIS)管理器"窗口，选择"允许所有用户"规则，在右侧窗口"操作"栏单击"删除"操作。

（11）右击"信息系统部文档"，在弹出的菜单中选择"编辑权限..."，打开"信息系统部文档 属性"对话框，在"信息系统部文档 属性"对话框中选择"安全"选项卡，单击"编辑"按钮，在"信息系统部文档的权限"对话框中，单击"添加"按钮，添加信息系统部本地域组"DLGITgroup"，并赋予完全控制权限，如图 9-28 所示。

图 9-26

图 9-27

图 9-28

5. 测试市场部访问权限

（1）在 Win10 客户端中使用 gky\Muser1 用户登录，并打开资源管理器，在地址栏中输入"ftp://192.168.1.2"后按 Enter 键，打开"登录身份"对话框，输入市场部用户名和密码后按 Enter 键，即可打开 FTP 文档目录，如图 9-29 和图 9-30 所示。

图 9-29

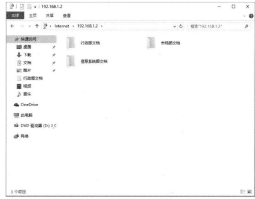
图 9-30

（2）分别双击尝试打开"行政部文档"和"信息系统部文档"文件夹，会弹出拒绝访问的提示框，如图 9-31 所示。

(a)

(b)

图 9-31

笔 记

（3）双击尝试打开"市场部文档"文件夹，可以正常访问，如图 9-32 所示。

图 9-32

（4）在 Win10 客户端 C 盘"用户"文件夹的子文件夹 Muser1 中新建一个记事本文件"test1.txt"，再将其复制到"市场部文档"文件夹中，若复制成功，则说明 Muser1 用户有权限在该 FTP 文件夹中上传文件，如图 9-33 所示。

（5）将"市场部文档"文件夹中新添加的记事本文件重命名为"test2.txt"，若重命名成功，则说明 Muser1 用户有权限重命名该 FTP 文件夹中的文件，如图 9-34 所示。

（6）将"市场部文档"文件夹中记事本文件"test2.txt"复制到客户端中，若复制成功，则说明 Muser1 用户有权限下载该 FTP 文件夹中的文件，如图 9-35 所示。

图 9-33　　　　　　　　　　　　　　　　　　　图 9-34

图 9-35

6. 测试信息系统部访问权限

（1）在 Win10 客户端使用 gky\ITuser1 用户登录并打开资源管理器，在地址栏中输入"ftp://192.168.1.2"后按 Enter 键，打开"登录身份"对话框，输入信息系统部用户名 gky\ITuser 和密码，按 Enter 键，即可打开 FTP"文档中心"文档目录，如图 9-36 所示。

（2）分别双击尝试打开"行政部文档"和"市场部文档"文件夹，会弹出拒绝访问的提示框，如图 9-37 和图 9-38 所示。

图 9-36　　　　　　　　　　　　　　　　　　　图 9-37

（3）双击尝试打开"信息系统部文档"文件夹，可以正常访问，如图 9-39 所示，并且可以成功地进行上传文件、下载文件和重命名文件等操作。

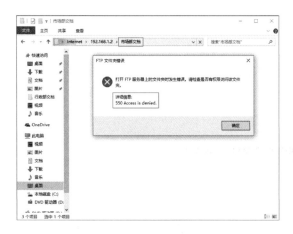

图 9-38　　　　　　　　　　　　　　　　　　　图 9-39

7.　测试行政部访问权限

（1）在 Win10 客户端使用 gky\Suser1 用户登录并打开资源管理器，在地址栏中输入"ftp:// 192.168.1.2"后按 Enter 键，打开"登录身份"对话框，输入行政部用户名 gky\Suser1 和密码，按 Enter 键，即可打开 FTP"文档中心"文档目录，如图 9-40 所示。

（2）分别双击尝试打开"市场部文档"和"信息系统部文档"文件夹，会弹出拒绝访问的提示框，如图 9-41 和图 9-42 所示。

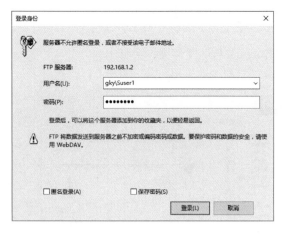

图 9-40　　　　　　　　　　　　　　　　　　　图 9-41

（3）尝试双击打开"行政部文档"文件夹，可以正常访问，如图 9-43 所示，并且成功地进行上传文件、下载文件和重命名文件等操作。

图 9-42　　　　　　　　　　　　　　　　　　图 9-43

任务 2　在一台服务器上配置多个 FTP 站点

在一台服务器上配置多个 FTP 站点

PPT

【任务目标】

在 1 台服务器上部署多个 FTP 站点，可以减少服务器的数量，实现资源最大化利用。

【任务场景】

由于公司的不同部门希望借助 FTP 服务器建立部门自己的站点，实现部门资料的统一管理，方便员工调用，需要在一台服务器上运用以下两种方式部署多个 FTP 站点。

（1）通过绑定多个 IP 地址创建多个 FTP 站点。

（2）通过自定义端口号创建多个 FTP 站点。

【任务环境】

公司部署了基于域的网络基础架构，Server1 服务器为域控制器，并安装 DNS 服务，Server2 为 FTP 服务器，Win10 为客户端计算机。任务环境示意图如图 9-2 所示。

【知识准备】

FTP 支持在一台计算机上同时建立多个 FTP 站点，而为了能够正确地区分出这些站点，必须给予每一个站点唯一的标识信息，而用来标识站点的识别信息有主机名、IP 地址与 TCP 端口号，一台计算机中所有站点的这三个识别信息不能完全相同，而这些设置都是在绑定设置内，可以在如图 9-44 所示的界面中查看 FTP 的绑定设置。

微课 PPT-9-2
任务 2　在一台服务器上配置多个 FTP 站点

图 9-44

主机名：FTP 并未设置主机名，一旦设置主机名后，则仅可以采用此主机名来连接 FTP。例如，若设置为 sysms.local，则需要使用 ftp://sysms.local 来连接 FTP，而不能使用 IP 地址。

IP 地址：若此计算机拥有多个 IP 地址，则可以为每个站点各赋予一个唯一的 IP 地址。例如，若设置为 192.168.1.2，则连接到 192.168.1.2 的请求都会被送到 FTP。

TCP 端口号：站点默认的 TCP 端口号是 21。用户可以更改此端口号，进而使得每个站点分别拥有不同的端口号。如果站点不是使用默认端口号 21，则连接此站点时需指定端口号。例如，站点的端口号是 2121，则连接此站点时需要使用 ftp://192.168.1.2:2121 来进行连接。

如果要建立多个站点，需先建立此站点所需的主目录，然后通过选中"网站"右击"添加 FTP 站点"的方法建立多个站点。注意其主机名、IP 地址与TCP 端口号这三个识别信息不能完全相同。

【任务实施】

1. 通过绑定多个 IP 地址创建多个 FTP 站点

（1）使用 gky\administrator 域管理员登录 Server2 服务器，选择"开始"→"控制面板"→"网络和 Internet"→"网络和共享中心"命令，打开"网络和共享中心"界面，单击"Ethernet0"，打开"Ethernet0 状态"对话框，单击"属性"按钮，打开"Ethernet0 属性"对话框，选择"Internet 协议版本 4（TCP/IPv4）"项，单击"属性"按钮，打开"Internet 协议版本 4（TCP/IPv4）属性"对话框，如图 9-45 所示，单击"高级"按钮，打开"高级 TCP/IP 设置"对话框。

（2）在"IP 设置"选项卡中，单击"添加"按钮，增加两个 IP 地址"192.168.1.22"和"192.168.1.23"，连续单击"确定"按钮，并在"Ethernet0状态"对话框中单击"关闭"按钮，如图 9-46 所示。

微课实验 9-2
任务 2 在一台服务器上配置多个 FTP 站点

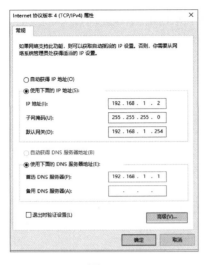

图 9-45　　　　　　　　　　　　　图 9-46

（3）在命令行窗口中通过"ipconfig"指令，可以查看添加 IP 地址后的网络信息，如图 9-47 所示。

（4）在 Server2 服务器的 C 盘上创建 FTP 文件夹以及 FTP-IP-1 和 FTP-IP-2 子文件夹，如图 9-48 所示，在 FTP-IP-1 子文件夹内新建文件 FTP-IP-1.txt，在 FTP-IP-2 子文件夹内新建文件 FTP-IP-2.txt。

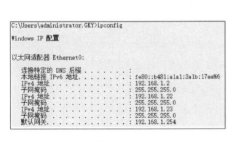

图 9-47　　　　　　　　　　　　　图 9-48

（5）在 Server2 服务器的"服务器管理器"主窗口中，选择"工具"→"Internet Information Services(IIS)管理器"，打开"Internet Information Services (IIS)管理器"，定位"网站"选项，右击，在弹出的菜单中选择"添加 FTP 站点"，如图 9-49 所示。

（6）在"添加 FTP 站点"对话框中的"站点信息"界面中，在"FTP 站点名称"文本框中输入"FTP-IP-1"，并指定内容目录的物理路径"C:\FTP\FTP-IP-1"，单击"下一步"按钮，如图 9-50 所示。

（7）在"绑定和SSL设置"界面中，绑定本服务器IP地址为"192.168.1.22"，勾选"自动启动 FTP 站点"复选框，选择"无 SSL"单选按钮，单击"下一步"按钮，如图 9-51 所示。

图 9-49　　　　　　　　　　　　　　　　图 9-50

（8）在"身份验证和授权信息"界面中，在"身份验证"项目中选中"匿名"和"基本"复选框，在"授权"项目中"允许访问"下拉列表中选择"所有用户"，在"权限"项目中勾选"读取"和"写入"复选框，如图 9-52 所示，单击"完成"按钮，完成 FTP 站点的添加。

图 9-51　　　　　　　　　　　　　　　　图 9-52

（9）利用以上类似的操作，在"Internet Information Services (IIS)管理器"界面中定位"网站"选项，右击，在弹出的菜单中选择"添加 FTP 站点…"，添加"FTP 站点名称"为"FTP-IP-2"，并指定内容目录的物理路径为"C:\FTP\FTP-IP-2"，如图 9-53 所示。

（10）在"绑定和 SSL 设置"界面中，绑定本服务器 IP 地址为"192.168.1.23"，勾选"自动启动 FTP 站点"复选框，选择"无 SSL"单选按钮，单击"下一步"按钮，如图 9-54 所示。

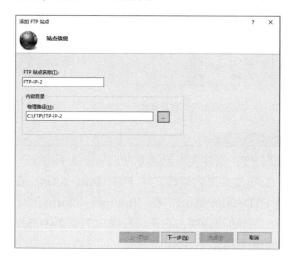

图 9-53

图 9-54

（11）在"身份验证和授权信息"界面中，在"身份验证"项目中选中"匿名"和"基本"复选框，在"授权"项目中的"允许访问"下拉列表中选择"所有用户"，在"权限"项目中勾选"读取"和"写入"复选框，如图 9-55 所示，单击"完成"按钮，完成 FTP 站点的添加，如图 9-56 所示。

图 9-55

图 9-56

2. FTP 站点测试

（1）在 Win10 客户端打开资源管理器，在地址栏中输入"ftp://192.168.1.22"后按 Enter 键，如图 9-57 所示，即可访问 FTP-IP-1.txt 文档。

（2）在 Win10 客户端打开资源管理器，在地址栏中输入"ftp://192.168.1.23"

后按 Enter 键，如图 9-58 所示，即可访问 FTP-IP-1.txt 文档。

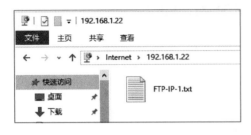

图 9-57

图 9-58

3. 通过自定义端口号创建多个 FTP 站点

（1）在 Server2 服务器 C 盘的 FTP 文件夹下新建 FTP-Port-1 和 FTP-Port-2 子文件夹，在 FTP-Port-1 子文件夹内新建文件 FTP-Port-1.txt，在 FTP-Port-2 子文件夹内新建文件 FTP-Port-2.txt。在 "Internet Information Services (IIS) 管理器" 界面中定位 "网站" 选项，右击，在弹出的菜单中选择 "添加 FTP 站点..." 选项，如图 9-59 所示。

（2）在 "添加 FTP 站点" 对话框中的 "站点信息" 界面中的 "FTP 站点名称" 文本框中输入 "FTP-Port-1"，并指定内容目录的物理路径为 "C:\FTP\FTP-Port-1"，如图 9-60 所示，单击 "下一步" 按钮。

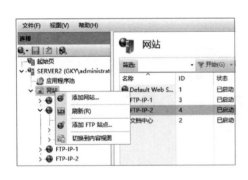

图 9-59

图 9-60

（3）在 "绑定和 SSL 设置" 界面中，绑定本服务器 IP 地址 "192.168.1.2"，端口设定为 "2121"，勾选 "自动启动 FTP 站点" 复选框，选择 "无 SSL" 单选按钮，单击 "下一步" 按钮，如图 9-61 所示。

（4）在 "身份验证和授权信息" 界面中，在 "身份验证" 项目中选中 "匿名" 和 "基本" 复选框，在 "授权" 项目的 "允许访问" 下拉列表中选择 "所有用户"，在 "权限" 项目中勾选 "读取" 和 "写入" 复选框，如图 9-62 所示，单击"完成"按钮，完成 FTP 站点的添加，如图 9-63 所示。

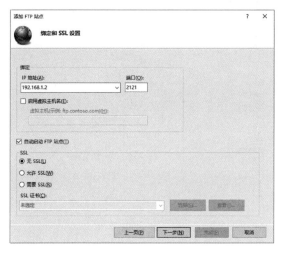

图 9-61

图 9-62

（5）在"Internet Information Services (IIS)管理器"界面中定位"网站"选项，右击，在弹出的菜单中选择"添加 FTP 站点…"，添加"FTP 站点名称"为"FTP-Port-2"，并指定内容目录的物理路径为"C:\FTP\ FTP-Port-2"，如图 9-64 所示。

图 9-63

图 9-64

（6）在"绑定和 SSL 设置"界面中，绑定本服务器 IP 地址"192.168.1.2"，端口设定为"2122"，勾选"自动启动 FTP 站点"复选框，选择"无 SSL"单选按钮，单击"下一步"按钮，如图 9-65 所示。

（7）在"身份验证和授权信息"界面中，在"身份验证"项目中选中"匿名"和"基本"复选框，在"授权"项目的"允许访问"下拉列表中选择"所有用户"，在"权限"项目中勾选"读取"和"写入"复选框，如图 9-66 所示，单击"完成"按钮，完成 FTP 站点的添加，如图 9-67 所示。

图 9-65

图 9-66

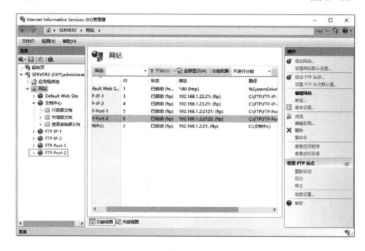

图 9-67

4. FTP 站点测试

（1）在 Win10 客户端打开资源管理器，在地址栏中输入"ftp://192.168.1.2:2121"后按 Enter 键，如图 9-68 和图 9-69 所示，即可访问 FTP-Port-1.txt 文档。

图 9-68

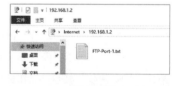

图 9-69

（2）在 Win10 客户端打开资源管理器，在地址栏中输入"ftp://192.168.1.2:2122"后按 Enter 键，如图 9-70 和图 9-71 所示，即可访问 FTP 文档目录。

图 9-70   图 9-71

单元练习

1. 选择题

（1）FTP 的主要功能是（　　）。

　　A. 传送网上所有类型文件

　　B. 远程登录

　　C. 收发电子邮件

　　D. 浏览网页

（2）FTP 的中文含义是（　　）。

　　A. 高级程序设计语言

　　B. 域名

　　C. 文件传输协议

　　D. 网址

（3）网络中的一台名为 FTPServer 的 Windows Server 2019 计算机上创建了一个 FTP 站点，允许用户对站点的内容进行下载的操作，站点的主目录位于 NTFS 分区，并设置这个站点不允许匿名访问。这台 FTP 服务器上有两个用户账号 User1 和 User2，其中 User1 是 administrators 组的成员，User2 是普通账号。当使用账号 User1 访问 FTP 服务器时没有任何问题，可是当使用账号 User2 访问 FTP 服务器时，系统提示登录失败，应该采取什么措施以解决这个问题（　　）。

　　A. 设置 FTP 站点允许匿名访问

　　B. 在主目录文件夹的 ACL 中赋予用户 User2 "读取" 权限

　　C. 把用户账号 User2 加入到 administrators 组

　　D. 在 FTP 服务器上把用户账号 User2 激活

（4）将文件从 FTP 服务器传输到客户端的过程称为（　　）。

　　A. upload　　　　B. download　　　　C. upgrade　　　　D. update

（5）FTP 使用的端口是（　　）。

　　A. 21　　　　　B. 23　　　　　C. 25　　　　　D. 26

2. 简答题

（1）在客户端访问 FTP 站点时，如何配置数据传输模式为被动模式？

（2）简述 FTP 服务。

单元 10
配置和管理 Web 服务器

 学习目标

【知识目标】

- 了解 Web 网站的基本概念
- 了解 Web 服务器的工作原理

【技能目标】

- 掌握创建 Web 网站的方法
- 掌握 Web 网站的基本设置

【素养目标】

- 具备分析问题和解决问题的能力
- 具备沟通与团队协助的能力
- 具备计算机操作系统运维与管理的能力
- 具备良好的职业道德和敬业精神

教学导航

知识重点	Web 网站的配置
知识难点	在一台服务器上创建多个 Web 站点
推荐教学方式	从工作任务入手，通过创建 Web 网站，让读者从直观的了解如何部署基于 IIS 的 Web 服务，逐步理解创建 Web 网站的工作过程，掌握创建 Web 网站的方法
建议学时	4 学时
推荐学习方法	动手完成任务，在任务中逐渐了解部署基于 IIS 的 Web 服务，掌握创建 Web 网站的方法

任务 1 配置静态网站和动态网站

配置静态网站和动态网站

PPT

【任务目标】

通过安装基于 IIS 的 Web 服务，实现静态网站和动态网站的发布和管理。

【任务场景】

公司需要搭建一台 Web 服务器，要在 Server2 服务器上安装基于 IIS 的 Web 服务器角色，并创建一个静态网站和动态网站。

微课 PPT-10-1 任务 1 配置静态网站和动态网站

【任务环境】

公司部署了基于域的网络基础架构，其中服务器 Server1.gky.com 为域控制器和 DNS 服务器，服务器 Server2.gky.com 为 Web 服务器，Win10.gky.com 为客户端计算机。任务环境示意图如图 10-1 所示。

笔 记

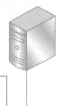

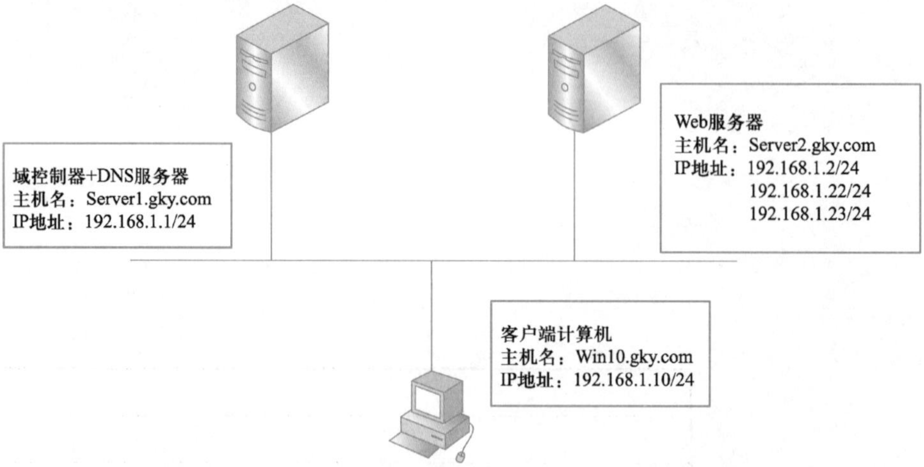

域控制器+DNS服务器
主机名：Server1.gky.com
IP地址：192.168.1.1/24
Web服务器
主机名：Server2.gky.com
IP地址：192.168.1.2/24
192.168.1.22/24
192.168.1.23/24
客户端计算机
主机名：Win10.gky.com
IP地址：192.168.1.10/24

图 10-1

【知识准备】

1. Web 服务器简介

Web 服务器是向 Web 客户端提供 Web 服务的计算机，Web 服务器工作原理如图 10-2 所示。Web 服务器通常位于 Internet 或者局域网中，承载着多个网站和 Web 应用程序。Web 客户端安装在用户计算机上，使用 Web 服务器所提供的服务。最常用的 Web 客户端就是浏览器，如 Internet Explorer、Microsoft Edge 等。

用户使用 Web 客户端通过 URL 地址来访问网站。Web 客户端向网站所在的 Web 服务器发出请求，Web 服务器接收请求后，用其所请求的数据响应浏览器的请求。Web 客户端将得到的数据呈现给用户，这样就完成了一个浏览的过程。

在 Web 服务器硬件上，安装有操作系统和 Web 服务器软件。Web 服务器软件是安装在 Web 服务器硬件和操作系统之上，承载和管理网站、Web 应用程序、Web 服务，向 Web 客户端提供服务的软件。目前，存在着多种主流 Web 服务器软件，Internet 信息服务 10.0（简称 IIS10.0）是微软公司在 Windows Server 2019 中提供的 Web 服务器软件。

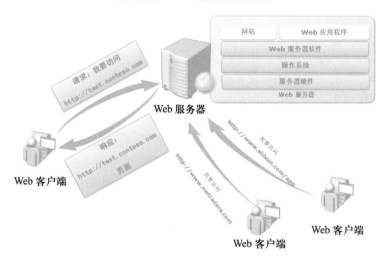

图 10-2　Web 服务器工作原理

2. 网站

网站又称站点，是应用程序和虚拟目录的容器。每个网站可以用一种或者多个唯一绑定进行访问，绑定包括绑定协议和绑定信息。访问一个网站的绑定协议可以是 HTTP 或者 HTTPS，绑定信息由 IP 地址、端口号、主机头组成。

3. 静态网站和动态网站

静态网站是指全部由 HTML（标准通用标记语言的子集）代码格式页面组成的网站，所有的内容包含在网页文件中。

动态网站是指网站内容可根据不同情况动态变更的网站，一般情况下动态网站通过数据库进行架构。动态网站除了要设计网页外，还要通过数据库和编程来使网站具有更多自动的和高级的功能。动态网站体现在网页一般是以 ASP、JSP、PHP 和 ASPX 等技术。

4. Web 应用程序

Web 应用程序是位于网站根级别的一组内容，或者网站根目录下的一个独立文件夹内的一组内容。ASP.NET 网络应用程序的最简单的形式，就是由一个可以通过 HTTP 访问的目录和至少一个以.aspx 为扩展名的 ASP.NET 文件组成。当在 IIS 中添加一个 Web 应用程序时，需要为应用程序指定一个目录作为应用程序起点，再为这个应用程序指定相应的应用程序池。

5. 虚拟目录

虚拟目录是一个目录名（也称为路径）映射到本地或远程服务器上的物理目录。该路径是 URL 的一部分，浏览器通过该 URL 访问物理目录中的内容，如网页或者目录内容列表。可以通过添加一个虚拟目录来向一个网站或 Web 应用程序添加目录内容，而不需要将这些内容移动到该网站或 Web 应用程序的目录下。

6. 应用程序池

应用程序池是一个或一组工作进程所服务的一个或多个应用程序。应用程序池为其包含的应用程序设定了运行边界。也就是说，任何在应用程序池外运行的应用程序都不会影响到应用程序池内的其他应用程序。应用程序池的优势主要体现在以下 3 个方面。

- 提升了服务器和应用程序的性能。用户可以对那些对资源敏感的应用程序分配其自己的应用程序池，这样就不会影响到其他应用程序的性能。

- 提供了应用程序的可用性。如果某个应用程序池发生故障，在其他应用程序池中的应用程序不受影响。

- 提供安全性。通过隔离应用程序，可以降低应用程序访问其他应用程序资源的机会。

【任务实施】

1. 安装 Web 服务器（IIS）

微课实验 10-1
任务 1　配置静态
网站和动态网站

（1）使用 gky\administrator 域管理员登录 Server2 服务器，在"服务器管理器"中选择"仪表板"→"添加角色与功能"。

（2）连续单击"下一步"按钮，直到出现如图 10-3 所示的"选择服务器角色"界面时，勾选"Web 服务器（IIS）"服务，弹出"添加角色和功能向导"对话框，单击"添加功能"按钮。

（3）连续单击"下一步"按钮，直到出现"确认安装选项"界面时，单击"安装"按钮，如图 10-4 所示。

（4）安装完毕后，单击"关闭"按钮。

（5）测试 Server2 服务器是否已安装 Web 服务。安装完成后，可以通过打开"服务器管理器"，选择右上方"工具"，打开"Internet Information Services（IIS）管理器"来管理 IIS 网站。在安装完 Web 服务器后，IIS 会默认加载一个"Default Web Site"站点，该站点用于测试 IIS 是否正常工作。此时用户打开 Web 浏览器，输入 IP 地址 192.168.1.2 并按 Enter 键，如果 IIS 正常工作，则显示图 10-5 所示网页。

图 10-3

图 10-4

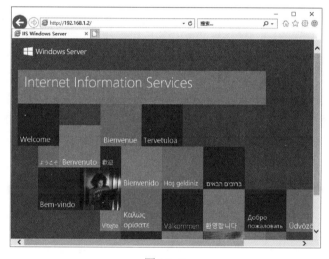
图 10-5

2.配置静态网站

（1）在 Server2 服务器 C 盘新建"Web"文件夹和"静态网站"子文件夹，如图 10-6 所示。

（2）在"静态网站"子文件夹中创建内容为"这是静态测试网站"的 txt 文档，然后修改文件名及扩展名为"index.htm"，如图 10-7 所示。

图 10-6

图 10-7

（3）在"Internet Information Services（IIS）管理器"中定位到"Default Web Site"站点，右击，在弹出的菜单中选择"管理网站"→"停止"，暂时

关闭该默认站点，如图 10-8 所示。

（4）创建"静态测试网站"。打开"Internet Information Services（IIS）管理器"，定位到"网站"，右击，在弹出的菜单中选择"添加网站"，如图 10-9 所示，打开"添加网站"对话框。

图 10-8   图 10-9

（5）在图 10-10 所示的"添加网站"对话框中输入网站名称为"静态网站"，物理路径为"C:\Web\静态网站"，绑定 IP 地址选择"192.168.1.2"，按"确定"按钮，完成网站添加，如图 10-11 所示。

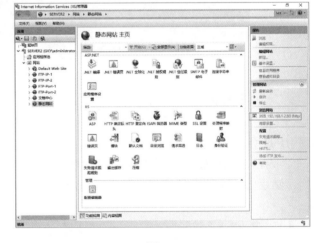

图 10-10   图 10-11

（6）在 Win10 客户机中，打开浏览器输入 IP 地址 192.168.1.2 并按 Enter 键，测试结果如图 10-12 所示。

3. 配置动态网站

（1）在 Server2 服务器 C 盘的"Web"文件夹中新建"动态网站"子文件夹，并创建文件内容为"这是动态测试网站，现在的时间是<%=time()%>"的 txt 文件，如图 10-13 所示，修改文件名和扩展名为 "index.asp"，如图 10-14 所示。

图 10-12

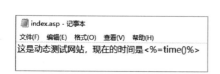

图 10-13

图 10-14

（2）在 Server2 服务器的 "服务器管理器" 中，单击 "添加角色和功能"，在 "选择服务器角色" 界面中展开 "Web 服务器角色（IIS）" 下的 "应用程序开发"，选中 "ASP" 复选框，如图 10-15 所示，并单击 "安装" 按钮进行安装。

（3）创建 "动态测试网站"。打开 "Internet Information Services（IIS）管理器"，定位到 "网站"，右击，在弹出的菜单中选择 "添加网站"，打开 "添加网站" 对话框，在 "添加网站" 对话框中输入网站名称为 "动态网站"，物理路径为 "C:\Web\动态网站"，绑定 IP 地址选择 "192.168.1.2"，如图 10-16 所示，单击 "确定" 按钮，打开如图 10-17 所示的窗口。

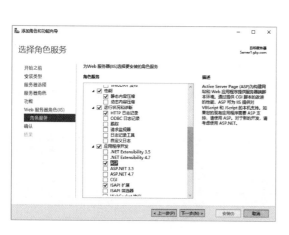

图 10-15

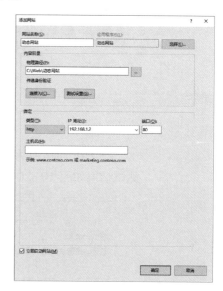

图 10-16

图 10-17

（4）添加"默认文档 index.asp"。在图 10-18 所示的"动态网站 主页"窗口中双击"默认文档"，选择右侧的"添加"，打开"添加默认文档"对话框，输入主页文档名"index.asp"，单击"确定"按钮，如图 10-19 所示。

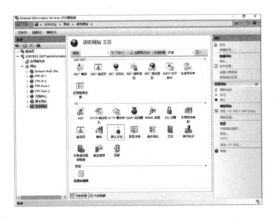

图 10-18

图 10-19

（5）在 Win10 客户机中，打开浏览器输入 IP 地址 192.168.1.2 并按 Enter 键，测试结果如图 10-20 所示。

图 10-20

任务 2　在一台服务器上创建多个 Web 网站

在一台服务器上创建
多个 Web 网站
PPT

【任务目标】

使用 IIS 在 1 台服务器上部署多个 Web 站点，可以减少服务器的数量，实现资源最大化利用。

【任务场景】

公司需要在一台服务器上搭建多个站点，并且保证这些站点能够同时运行，可选择如下 3 种形式搭建这些 Web 站点。

（1）通过绑定多个 IP 地址创建多个 Web 站点。

（2）通过自定义端口号创建多个 Web 站点。

（3）通过使用不同的主机名创建多个 Web 站点。

【任务环境】

公司部署了基于域的网络基础架构，其中服务器 Server1.gky.com 为域控制器和 DNS 服务器，服务器 Server2.gky.com 为 Web 服务器，Win10.gky.com 为客户端计算机。任务环境示意图如图 10-1 所示。

【知识准备】

在很多情况下，我们的网络里需要的 Web 站点不止一个，如果每建立一个 Web 站点，就投入一台服务器，那将极度浪费金钱和硬件资源。我们可以在一台服务器上建立多个 Web 站点，并让它们同时运行。在 IIS 中，可以通过一些简单的配置来实现在一台服务器上建立多个 Web 站点。

IIS 可以同时建立多个网站，而为了能够正确地区分这些网站，必须给予每一个网站唯一的标识信息，而用来标识网站的识别信息有主机名、IP 地址与 TCP 端口号，一台计算机内所有网站的这三个识别信息不能完全相同，而这些设置都是在绑定设置内，可以在如图 10-21 所示的界面中查看 Web 的绑定设置。

微课 PPT-10-2
任务 2　在一台服务器上创建多个 Web 网站

图 10-21

主机名：如果设置了主机名，只能使用主机名访问网站，如 http://www.network.com，不能使用 IP 地址访问网站，还需要在 DNS 服务器中添加该条主机记录。

IP 地址：如果此计算机使用了多个 IP 地址，则可以为每个网站各赋予一个唯一的 IP 地址，且使用如 http://192.168.1.2 进行访问。

TCP 端口号：网站默认的 TCP 端口号（Port number）是 80。可以更改此端口号，进而使得每个网站分别拥有不同的端口号。如果网站不是使用默认的 80，则连接此网站时需指定端口号。例如，网站的端口号是 8080，则访问此网站时需使用 http://www.sayms.local:8080/。

 【任务实施】

1. 通过绑定多个 IP 地址创建多个站点

微课实验 10-2
任务 2 在一台服务器上创建多个 Web 网站

笔 记

（1）使用 gky\administrator 域管理员登录 Server2 服务器，单击"开始"→"控制面板"→"网络和 Internet"→"网络和共享中心"，打开"网络和共享中心"界面，单击"Ethernet0"，打开"Ethernet0 状态"对话框，单击"属性"按钮，打开"Ethernet0 属性"对话框，定位到"Internet 协议版本 4（TCP/IPv4）"后，单击"属性"按钮，打开"Internet 协议版本 4（TCP/IPv4）属性"对话框，如图 10-22 所示，单击"高级"按钮，打开"高级 TCP/IP 设置"对话框。

（2）在"IP 设置"选项卡中单击"添加"按钮，增加两个 IP 地址"192.168.1.22"和"192.168.1.23"，连续单击"确定"按钮，并在"Ethernet0 状态"对话框"中单击"关闭"按钮，如图 10-23 所示，完成多个地址的添加。

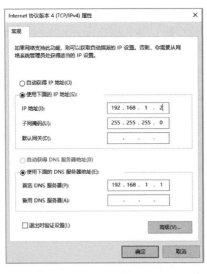

图 10-22

图 10-23

（3）在 Web 文件夹下，新建"Web-IP-1 网站"和"Web-IP-2 网站"子文件夹，如图 10-24 所示，在"Web-IP-1 网站"子文件夹中创建内容是"这是 Web-IP-1 网站"的 txt 文件，再修改文件名和扩展名为 index.html；

在"Web-IP-2 网站"子文件夹中创建 txt 文件，内容是"这是 Web-IP-2 网站"，再修改文件名和扩展名为 index.html。

笔 记

图 10-24

（4）打开"Internet Information Services（IIS）管理器"对话框，定位到"网站"选项，右击，从弹出的菜单中选择"添加网站"，如图 10-25 所示，打开"添加网站"对话框。

图 10-25

（5）如图 10-26 所示，输入网站名称为 Web-IP-1，物理路径为 C:\Web\Web-IP-1 网站，并在 IP 地址下拉列表中选择 192.168.1.22 后，单击"确定"按钮。

（6）重复上一步骤，创建网站。网站名称为 Web-IP-2，物理路径为 C:\Web\ Web-IP-2 网站，IP 为 192.168.1.23。

（7）在 Win10 客户机中打开浏览器分别输入 IP 地址 192.168.1.22 和 192.168.1.23 并按 Enter 键，得到测试结果如图 10-27 所示。

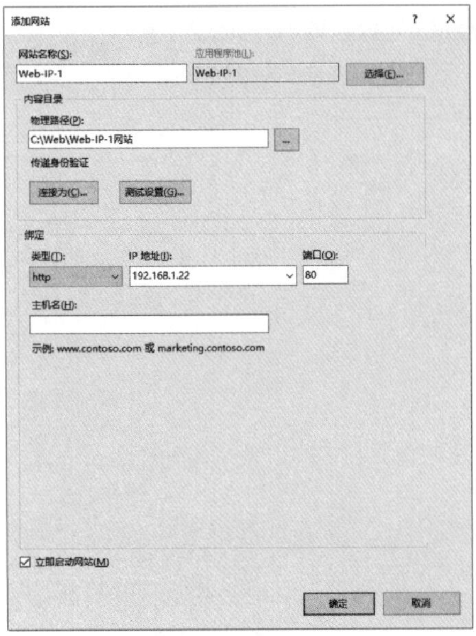

图 10-26

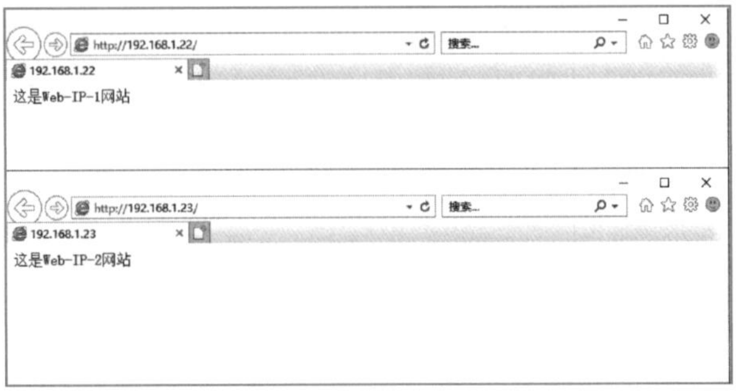

图 10-27

2.　通过域名创建多个网站

（1）在 Server1 的 DNS 服务器的正向查找区域 network.com 上添加主机记录 Web1.network.com，名称为 Web1，IP 地址为 192.168.1.2，如图 10-28 所示。

（2）重复上一步骤，在 Server1 的 DNS 服务器的正向查找区域 network.com 上添加主机记录 Web2. network.com，该记录的名称为 Web2，IP 地址也为 192.168.1.2。

（3）在 Server2 的 Web 文件夹下，新建"Web-DNS-1 网站"和"Web-DNS-2 网站"子文件夹，在"Web-DNS-1 网站"子文件夹中创建内容是"这是 Web-DNS-1 网站"的 txt 文件，再修改文件名和扩展名为 index.html；在"Web-DNS-2 网站"子文件夹中创建内容是"这是 Web-DNS-2 网站"的 txt 文件，再修改文件名和扩展名为 index.html。

（4）在"Internet Information Services（IIS）管理器"对话框中，定位到"网站"，右击，在弹出的菜单中选择"添加网站"，打开"添加网站"对话框。

（5）如图 10-29 所示，输入网站名称为 Web-DNS-1，物理路径为 C:\Web\ Web-DNS-1 网站，并在 IP 地址下拉列表框中选择 192.168.1.2，主机名为 Web1.network.com，单击"确定"按钮。

（6）重复上一步骤，创建网站 Web-DNS-2。网站名称为 Web-DNS-2，物理路径为 C:\Web\Web-DNS-2 网站，IP 为 192.168.1.2，主机名为 Web2.network.com。

（7）在 Win10 客户机中打开浏览器分别输入域名 Web1.network.com 和 Web2.network.com 并按 Enter 键，得到测试结果如图 10-30 所示。

笔记

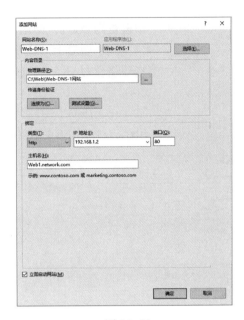

图 10-28

图 10-29

图 10-30

笔 记

3. 通过绑定不同端口创建多个站点

（1）在 Web 文件夹下，新建"Web-Port-1 网站"和"Web-Port-2 网站"子文件夹，在"Web-Port-1 网站"子文件夹中创建内容是"这是 Web-Port-1 网站"的 txt 文件，再修改文件名和扩展名为 index.html；在"Web-Port-2 网站"子文件夹中创建内容是"这是 Web-Port-2 网站"的 txt 文件，再修改文件名和扩展名为 index.html。

（2）在"Internet Information Services（IIS）管理器"对话框中，定位到"网站"，右击，在弹出的菜单中选择"添加网站"，打开"添加网站"对话框。

（3）如图 10-31 所示，输入网站名称为 Web-Port-1，物理路径为 C:\Web\Web-Port-1 网站，并在 IP 地址下拉列表框中选择 192.168.1.2，端口设置为 8001，单击"确定"按钮。

（4）重复上一步骤，创建网站 Web-Port-2。网站名称为 Web-Port-2，物理路径为 C:\ Web\Web-Port-2 网站，IP 为 192.168.1.2，端口号设置为8002。

（5）在 Win10 客户机中打开浏览器分别输入 http://192.168.1.2:8001 和 http://192.168.1.2:8002 并按 Enter 键，得到测试结果如图 10-32 所示。

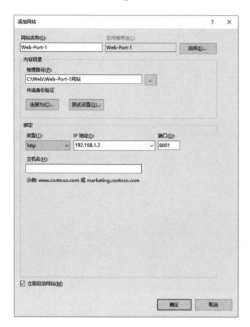

图 10-31

图 10-32

单元练习

单元练习

case

1. 选择题

（1）有一台安装了 Web 服务器（IIS）角色的 Windows Server 2019 服务器，该服务器承载着多个网站，需要将该服务器配置为自动为一个网站释放内存，必须在不影响其他网站的前提下，要实现此目标正确的做法是（   ）。

    A. 创建一个新网站，并编辑该网站的绑定

    B. 创建一个新应用程序池，并将网站与该应用程序池关联

    C. 创建一个新的虚拟目录，并修改虚拟目录的"物理路径凭据"

    D. 从"应用程序池默认设置"中，修改"回收"选项

（2）有一台运行 Windows Server 2019 的服务器，该服务器上安装了 Web 服务器（IIS）角色，计划在该服务器上承载多个网站，为该服务器配置了一个 IP 地址。所有网站都已在 DNS 中注册为指向这个 IP 地址，需要确保每个网站只按名称响应来自所有客户端计算机的请求，正确的做法是（   ）。

A. 为每个网站分别配置一个惟一端口

B. 为每个网站分别配置一个惟一的 IP 地址

C. 为每个网站分别配置一个惟一的主机头

D. 编辑服务器上的 Hosts 文件，添加与该网络地址关联的所有网站名称

（3）有一台运行 Windows Server 2019 的服务器，该服务器上安装了 Web 服务器（IIS）服务器角色以及所有 Web 服务器角色服务，需要为用户提供管理网站的能力，应配置（　　）功能。

A. .Net 角色

B. .Net 用户

C. 身份验证

D. IIS 管理器权限

（4）有一台运行 Windows Server 2019 的服务器，该服务器上安装了 Web 服务器（IIS）角色。服务器包含一个网站，网站配置为只使用 Windows 身份验证。有一个名为 Group1 的安全组，其中包含多个用户账户，需要防止 Group1 的成员访问网站，但不得阻止其他用户访问网站，应配置（　　）网站功能。

A. 身份验证

B. 授权规则

C. IIS 管理器权限

D. SSL 设置

（5）公司有一台运行 Windows Server 2019 的服务器，该服务器上安装了 Web 服务器（IIS）角色，需要激活默认网站的 SSL。应该执行（　　）操作。（每个正确答案表示解决方法的一部分，请选择两个正确答案。）

A. 使用"IIS 管理器"控制台，获取并导入服务器证书

B. 在默认网站的"计算机密钥"对话者，选择"生成密钥"选项

C. 使用"IIS 管理器"控制台，将 HTTPS 协议的绑定添加到默认网站

D. 使用"服务器管理器"控制台，安装 Web 服务器角色的"摘要式身份验证"组件

2. 简答题

（1）URL 被称为网页地址，是互联网上标准资源的地址，请简述统一资源定位地址的标准格式。

（2）虚拟目录能为公司带来什么益处?

（3）目前最常用的动态网页语言有哪 3 种?

单元 11

配置和管理数字证书服务器

🔍 **学习目标**

【知识目标】

- 了解 PKI 概念、应用和解决方案
- 了解 CA 的概念、类型
- 了解独立 CA 和企业 CA 的区别
- 了解数字证书申请的方法

【技能目标】

- 掌握数字证书服务的安装方法
- 掌握在 CA 上颁发证书的过程
- 掌握数字证书申请的步骤
- 掌握安全网站的配置方法

【素养目标】

- 具备分析问题和解决问题的能力
- 具备沟通与团队协助的能力
- 具备计算机操作系统运维与管理的能力
- 具备良好的职业道德和敬业精神

教学导航

知识重点	数字证书服务的安装与配置
知识难点	数字证书申请的工作过程
推荐教学方式	从工作任务入手，通过在 CA 上颁发证书的过程，让读者直观地理解数字证书服务的作用，逐步掌握数字证书申请的步骤和安全网站的配置方法
建议学时	4 学时
推荐学习方法	动手完成任务，在任务中逐渐了解数字证书服务原理和作用，掌握数字证书申请的步骤以及安全网站的配置方法

申请数字证书

任务 1 申请数字证书

【任务目标】

通过证书颁发机构（CA）申请数字证书，保证数字证书的合法性和有效性。

【任务场景】

需要在服务器上安装数字证书服务，并部署了证书颁发机构（CA），为Server2 服务器申请数字证书。

【任务环境】

任务环境如图 11-1 所示，服务器 Server1.gky.com 为证书服务器，为服务器 Server2.gky.com 颁发数字证书。

Web服务器
主机名：Server2.gky.com
IP地址：192.168.1.2/24
　　　　192.168.1.22/24
　　　　192.168.1.23/24

域控制器+DNS+CA服务器
主机名：Server1.gky.com
IP地址：192.168.1.1/24

客户端计算机
主机名：Win10.gky.com
IP地址：192.168.1.10/24

图 11-1

微课 PPT-11-1
任务 1 申请数字
证书

【知识准备】

1. 什么是 PKI

随着电子商务的飞速发展，相应地会引发出一些 Internet 安全问题。概括起来，进行电子交易的互联网用户所面临的安全问题如下。

（1）保密性。如何保证电子商务中涉及的大量保密信息在公开网络的传输过程中不被窃取。

（2）完整性。如何保证电子商务中所传输的交易信息不被中途篡改及通过重复发送进行虚假交易。

（3）身份认证与授权。在电子商务的交易过程中，如何对双方进行认证，以保证交易双方身份的正确性。

（4）抗抵赖。在电子商务的交易完成后，如何保证交易的任何一方无法否认已发生的交易。

这些安全问题将在很大程度上限制电子商务的进一步发展，为解决这些 Internet 的安全问题，世界各国对其进行了多年的研究，初步形成了一套完整的 Internet 安全解决方案，即目前被广泛采用的 PKI 技术（Public Key Infrastructure，公钥基础设施）。

PKI（Public Key Infrastructure，公钥基础设施）是一种遵循标准的利用公钥加密技术为电子商务的开展提供一套安全基础平台的技术和规范。用户可利用 PKI 平台提供的服务进行安全通信。

使用基于公钥技术系统的用户建立安全通信信任机制的基础是：网上进行的任何需要安全服务的通信都是建立在公钥的基础之上的，而与公钥成对的私钥只掌握在与之通信的另一方。这个信任的基础是通过公钥证书的使用来实现的。公钥证书就是一个用户的身份与其所持有的公钥的结合，在结合之前由一个可信任的权威机构 CA 来证实用户的身份，然后由其对该用户身份及对应公钥相结合的证书进行数字签名，以证明其证书的有效性。

PKI 必须具有权威认证机构 CA 在公钥加密技术基础上对证书的产生、管理、存档、发放以及作废进行管理的功能，包括实现这些功能的全部硬件、软件、人力资源、相关政策和操作程序，以及为 PKI 体系中的各成员提供全部的安全服务，如实现通信中各实体的身份认证、保证数据的完整、抗否认性和信息保密等。

2. PKI 的优点

PKI 作为一种安全技术，已经深入到网络的各个层面。PKI 的优点主要表现如下方面。

（1）机密性。数据加密确保非授权计算机或用户不能访问或读取在网络连接中包含的信息。PKI 能加密已存储和被发送的数据。例如，可以使用已启用 PKI 的加密文件系统（EFS）来存储数据；也可以通过支持 PKI 的 Internet 协议安全（IPSec），保持通过公共网络传输的数据的保密性。

（2）完整性。数据完整性确保收到的数据包与已传输的数据包相同，并且提供保证该数据包在传输中未被损坏或修改。可以使用 PKI 对数据进行数字签名。数字签名可识别在信息传递过程中是否有数据被修改。例如，经过数字签名的电子邮件能确保邮件在传输时其内容不会被修改。此外，在 PKI 中，颁发给用户和计算机的证书由证书颁发机构（CA）进行数字签名，以提供所颁发证书的完整性。

（3）真实性和不可抵赖性。身份验证确保参与连接的每台计算机都能够接收到说明远程计算机（也可以是远程计算机上的用户）确实是其所声称的实体的证明。经过身份验证的数据通过安全哈希算法（如 SHA1）等生成信息摘要，然后系统使用发送方的私钥对消息摘要进行数字签名，以证明该消息摘要是由此发送方生成的。不可抵赖性通过数字签名的数据实现，其中数字签名既是经签名的数据的完整性证明，又是数据源的证明。

3. PKI 的应用

PKI 技术经过多年的发展，已形成较完善的标准规范体系，几乎覆盖应用系统的各个方面，如今很多软件都支持数字证书技术，如操作系统、数据库系统、Web 服务器、应用服务器等。受环境多样性和应用技术复杂性的影响，数字证书技术运用的方式可能差异很大，表 11-1 列出了 PKI 的主要应用。

表 11-1

应用	描述
智能卡登录	此应用可实现双因素身份验证
安全电子邮件	此应用提供了电子邮件的机密通信、数据完整性和不可抵赖性
加密文件系统	此应用允许用户以加密的形式在磁盘上存储数据
Internet 身份验证	此应用可为客户端/服务器传输事务验证客户端和服务器的身份
IEEE 802.1X	此应用只允许通过身份验证的用户访问网络此外，此应用保护通过网络传输的数据
Internet 安全协议（IPSec）	此应用允许在两台计算机以及计算机和公网上的路由器之间传递经过加密和数字签名的通信

4. 企业 PKI 解决方案

笔记

企业 PKI 管理单元可用于确保公钥基础结构（PKI）中的如下所有元素正常发挥效用。

（1）证书颁发机构（CA）。CA 接受证书申请，按照 CA 的策略验证申请人的信息，然后使用其私钥对证书进行签名。随后，CA 会将证书颁发给证书使用者，在 PKI 内部用作安全凭据。此外，CA 还负责吊销证书并发布证书吊销列表（CRL）。

（2）CA 证书。CA 证书是由一个 CA 颁发给自己或第二个 CA 的证书，目的是创建两个 CA 之间已定义的关系。由 CA 颁发给自己的证书称为受信任的根证书。对于为在 PKI 中使用而颁发的所有最终实体证书定义证书路径和使用限制，CA 证书至关重要。

（3）颁发机构信息访问位置。颁发机构信息访问位置是向颁发机构信息访问扩展的证书中添加的 URL。应用程序或服务可以使用这些 URL 来检索即将颁发的 CA 证书。随后，将使用这些 CA 证书验证证书签名，并生成指向受信任证书的路径。

（4）CRL。CRL 是已吊销的未过期证书完整数字签名列表。此 CRL 由随后缓存 CRL（根据已配置的 CRL 生存期）并使用它验证可使用的证书的客户进行检索。

（5）CRL 分发点。CRL 分发点是向 CRL 分发点扩展的证书中添加的位置，通常为 URL。应用程序或服务可以使用这些 CRL 分发点来检索 CRL。当应用程序或服务必须确定在证书有效期到期之前是否吊销证书时，就会到达 CRL 分发点。

管理员可借助"证书颁发机构"管理单元针对单个 CA 监视并管理这些 PKI 元素。但是，如果涉及多个 CA，则需要使用该管理单元的不同实例来监视和管理 PKI。此外，"证书颁发机构"管理单元不能用于将非 Microsoft CA 集成到基础结构中，也不能用于方便地管理颁发机构信息访问位置和 CRL 分发点存储。因此，可以使用"企业 PKI"管理单元从单个管理单元中解决这些问题。

5. CA 的类型

证书颁发机构（CA）接受证书申请，根据 CA 的策略验证申请者的信息，然后使用其私钥将其数字签名应用于证书。CA 将证书颁发给证书的使用者，在公钥基础结构（PKI）内用作安全凭证。此外，CA 还负责吊销证书和发布证书吊销列表（CRL）。

CA 可以是外部实体（如 VeriSign），也可以是通过安装 Active Directory 证书服务（AD CS）而创建的由组织使用的 CA。每个 CA 都要求证书申请者有明确的身份证明，如域账户、员工的工作证或驾照、已确认的申请或物理地址。与此类似的身份检查通常可保证现场 CA，以便组织能够验证自己的员工或成员。

Microsoft 企业 CA 使用个人的用户账户凭据作为身份证明。换句话说，如果用户登录到一个域并申请企业 CA 的证书，则 CA 可以根据其在 Active Directory 域服务（AD DS）中的账户对身份进行验证。

每个 CA 还有确认自己身份的证书，该证书由另一个受信任的 CA 颁发，如果是根 CA，则由自己颁发。需要注意，任何人都可以创建 CA。因此，用户或管理员必须决定是否信任该 CA，广义来说，该 CA 所拥有的策略和过程是否适合于确认由该 CA 颁发其证书的实体的身份。

从 CA 层次结构，可以把 CA 分成根 CA 和从属 CA。

（1）根 CA 和从属 CA

根 CA 是指在组织的 PKI 中最受信任的 CA 类型。如果根 CA 被泄露或向未经授权的实体颁发了证书，则组织中任何基于证书的安全性都变得易受攻击。因此，通常根 CA 的物理安全性和证书颁发策略都比从属 CA 更严格。虽然根 CA 可以就发送如安全的电子邮件任务向最终用户颁发证书，但是在大多数组织中，它们只用于向其他 CA（称为从属 CA）颁发证书。

从属 CA 是由组织中的另一个 CA 颁发证书的 CA。通常，从属 CA 为特定用途（如安全的电子邮件、基于 Web 的身份验证或智能卡身份验证）颁发证书。从属 CA 还可以向其他下级的从属 CA 颁发证书。根 CA、已由根验证的从属 CA 以及由其他从属 CA 验证的从属 CA 一起构成了证书层次结构，如图 11-2 所示。

当从属 CA 服务器收到来自高于它的服务器所发出的证书时，信任关系就此形成。可以根据证书用途、网络的地理位置、部门需求、组织单位需求而构成 CA 层次结构。

笔 记

笔记

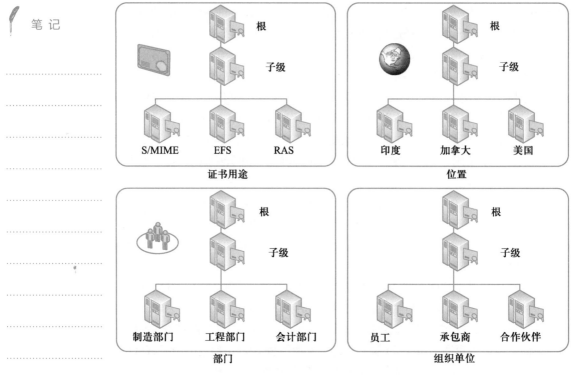

图 11-2

从 CA 的功能和与 Active Directory 的结合又可以分为企业 CA 和独立 CA。

（2）企业 CA 和独立 CA

与其他 Active Directory 服务器角色一样，AD CS 也可以与 AD DS 紧密集成。根据是否与 AD DS 集成，运行 AD CS 的服务器分为：独立 CA 和企业 CA。

1）企业证书颁发机构（CA）可以通过 S/MIME（安全多用途 Internet 邮件扩展）为数字签名、安全电子邮件颁发证书，通过安全套接字层（SSL）或传输层安全性（TLS）向安全 Web 服务器进行身份验证，通过智能卡登录到域。企业 CA 具有如下特征。

● 需要访问 Active Directory 域服务（AD DS）。

● 使用组策略将其证书传播到域中所有用户和计算机的受信任根证书颁发机构证书存储。

● 将用户证书和证书吊销列表（CRL）发布到 AD DS。为了将证书发布到 AD DS，装有 CA 的服务器必须是 Certificate Publishers 组的成员。这对于服务器所在的域是自动进行的，但是必须为该服务器委派了适当的安全权限才能向其他域发布证书。

企业 CA 基于证书模板颁发证书，在使用证书模板时可以实现如下功能。

● 在注册证书时，企业 CA 对用户强制执行凭据检查。在 AD DS 中，每个证书模板都有一个安全权限设置，用于确定证书申请者是否有权接收所请求的证书类型。

● 证书使用者名称可以从 AD DS 中的信息自动生成，或者由申请者明确提供。

● 策略模板将一个预定义的证书扩展列表添加到颁发的证书。该扩展是由证书模板定义的，可以减少证书申请者需要为证书及其预期用途提供的信息量。

● 可以使用自动注册功能颁发证书。

2）独立证书颁发机构（CA）可以出于目的（如数字签名）颁发证书，它通过使用 S/MIME（安全多用途 Internet 邮件扩展）保证电子邮件的安全，并且通过使用安全套接字层（SSL）或传输层安全性（TLS）对安全 Web 服务器进行身份验证。

独立 CA 具有如下特征。

● 与企业 CA 不同，独立 CA 不需要使用 Active Directory 域服务（AD DS）。即使使用 AD DS，也可以将独立 CA 用作 CA 层次结构中的脱机受信任根 CA 或通过 Extranet 或 Internet 向客户端颁发证书。

● 当用户向独立 CA 提交证书申请时，必须提供其身份信息并指定所需的证书类型（当向企业 CA 提交申请时，不需要执行该操作，因为企业用户的信息已经位于 AD DS 中，并且证书类型已由证书模板描述）。从本地计算机的安全账户管理器数据库中获取申请的身份验证信息。

● 默认情况下，发送到独立 CA 的所有证书申请都设置为挂起，直到独立 CA 的管理员验证所提交的信息并批准该申请。管理员必须执行这些任务，因为证书申请者的凭据没有经过独立 CA 的验证。

● 不使用证书模板。

● 管理员必须将独立 CA 的证书明确分发到域用户的受信任根存储，否则用户必须自己执行该任务。

● 如果使用支持椭圆曲线加密（ECC）的加密提供程序，则独立 CA 将允许使用 ECC 密钥中的每个密钥。

当独立 CA 使用 AD DS 时，该 CA 具有如下附加功能。

● 如果 Domain Admins 组的成员或对域控制器具有写入权限的管理员安装独立根 CA，则会自动将其添加到域中所有用户和计算机的"受信任的根证书颁发机构"证书存储中。因此，如果在 Active Directory 域中安装独立根 CA，则不应该更改接收证书申请时（将申请标记为挂起）CA 的默认操作。否则，受信任的根 CA 会自动颁发证书，而无需验证证书申请者的身份。

● 如果独立 CA 由企业中父域的 Domain Admins 组成员安装，或者由对 AD DS 具有写入权限的管理员安装，则独立 CA 将向 AD DS 发布其 CA 证书和证书吊销列表（CRL）。

6. 数字证书

数字证书是一种电子文件，其作用如同在线密码一样，可验证用户或计算机的身份。使用它们可以创建用于客户端通信的 SSL 加密通道。证书是由证书颁发机构（CA）颁发的数字声明，由 CA 证明证书持有者的身份并使参与

笔 记

笔记

各方能通过加密以安全方式进行通信。数字证书的作用如下。

（1）验证其持有者（人员、网站，甚至是路由器之类的网络资源）确实与自己所声称的身份相符。

（2）保护联机交换的数据不被偷窃或篡改。

数字证书可由受信任的第三方 CA 或 Microsoft Windows 公钥基础结构（PKI）通过使用证书服务颁发，也可以通过自行签署产生，每种类型的证书都有优点和缺点。每种类型的数字证书都是防篡改的，并且无法伪造。

可针对多种功能颁发证书，这些功能包括 Web 用户身份验证、Web 服务器身份验证、安全/多用途 Internet 邮件扩展（S/MIME）、Internet 协议安全（IPsec）、传输层安全性（TLS）和代码签名。

证书包含一个公钥并且将此公钥与持有相应私钥的个人、计算机或服务的身份连接在一起。客户端和服务器使用这些公钥和私钥在传输数据前对其进行加密。对于基于 Windows 的用户、计算机和服务，如果受信任根证书存储中存在根证书副本并且该证书包含有效的证书路径，那么它们就建立了对该 CA 的信任。未被吊销并且未超过有效期的证书才是有效的证书。

7. 数字证书的生命周期

数字证书的生命周期包括：

（1）证书颁发机构 CA 收到证书的申请。

（2）CA 生成证书。

（3）申请的证书颁发给对应的用户、计算机或服务。

（4）证书在用户、计算机或服务操作支持 PKI 的应用程序时得到利用。

（5）使用的证书过期。

此时证书可能存在以下的几种状态之一：

- 过期：如果证书有效期终止，那么证书过期。
- 续订：证书得以续订，并且可以继续使用现有的密钥对，也可以不使用。
- 吊销：可以在证书达到生命周期终止之前，吊销证书。可以续订证书，以重新开始有效期。

【任务实施】

1. 在服务器 Server1 服务器上安装证书服务

微课实验 11-1
任务 1 申请数字
证书

（1）使用 gky\administrator 域管理员登录 Server1 域控制器，打开"服务器管理器"，选择"仪表板"→"添加角色和功能"，连续单击"下一步"按钮，直到出现"选择服务器角色"界面，如图 11-3 所示，勾选"Active Directory 证书服务"复选框，打开"添加角色和功能向导"界面，单击"添加功能"按钮。

（2）连续单击"下一步"按钮，在"选择服务角色"界面，勾选"证书颁发机构""证书颁发机构 Web 注册"复选框，如图 11-4 所示，打开"添加角色和功能向导"对话框，单击"添加功能"按钮。

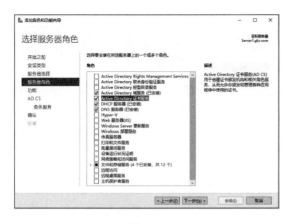

图 11-3

图 11-4

（3）连续单击"下一步"按钮，直到出现"确认安装所选内容"界面，如图 11-5 所示，单击"安装"按钮。

（4）在如图 11-6 所示的界面中，选择"配置目标服务器上的 Active Directory 证书服务"。

图 11-5

图 11-6

（5）在如图 11-7 所示的界面中，单击"下一步"按钮。

（6）在如图 11-8 所示的界面中，勾选"证书颁发机构"和"证书颁发机构 Web 注册"复选框后，单击"下一步"按钮。

（7）在如图 11-9 所示的界面中，选中"企业 CA"单选按钮后，单击"下一步"按钮。

（8）在如图 11-10 所示的界面中，指定 CA 的类型为"根 CA"后，单击"下一步"按钮。

（9）连续单击"下一步"按钮，直到出现如图 11-11 所示界面，单击"配置"按钮。

（10）在如图 11-12 所示的界面中，单击"关闭"按钮，完成安装，并关闭"添加角色和功能向导"对话框。

图 11-7

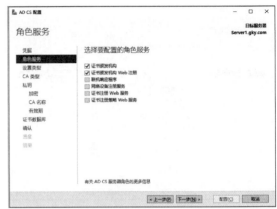

图 11-8

图 11-9

图 11-10

图 11-11

图 11-12

（11）安装完成后，可以通过选择"开始"→"Windows 管理工具"→"证书颁发机构"，在打开的对话框中来管理证书，如图 11-13 所示。

图 11-13

2. 申请新证书

（1）使用 gky\administrator 域管理员登录 Server2 服务器，打开"Windows PowerShell"界面，输入"mmc"命令并按 Enter 键，打开"控制台"，如图 11-14 所示。

（2）在如图 11-15 所示的界面中，选择"文件"→"添加/删除管理单元"命令。

图 11-14　　　　　　　　　　　　　　　　　　图 11-15

（3）如图 11-16 所示，在"可用的管理单元："中定位到"证书"后，单击"添加"按钮，打开"证书管理单元"对话框。

（4）如图 11-17 所示，选中"计算机账户"单选按钮后，单击"下一步"按钮。

（5）在"选择计算机"界面，单击"本地计算机"单选按钮，单击"完成"按钮。

（6）如图 11-18 所示，单击"确定"按钮，打开控制台。

（7）如图 11-19 所示，展开"证书（本地计算机）节点"，定位到"个人"，右击，在弹出的菜单中选择"所有任务"→"申请新证书"，打开"证书注册"界面。

笔 记

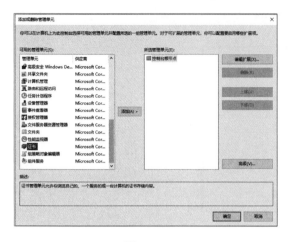

图 11-16

图 11-17

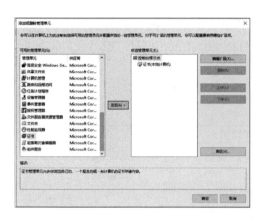

图 11-18

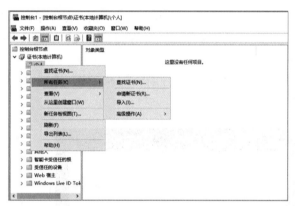

图 11-19

（8）连续单击"下一步"按钮，直到出现"请求证书"界面，勾选"计算机"复选框，并展开"详细信息"后，单击"属性"按钮，如图 11-20 所示，打开"证书属性"对话框。

（9）如图 11-21 所示，在"常规"选项卡中，在"友好名称"和"描述"文本框中分别输入"Server2"和"Server2 服务器证书"内容。

（10）在"使用者"选项卡中，选择使用者名称类型为"公用名"，输入"值"为"Server2.gky.com"后，单击"添加"按钮；选择备用名称类型为"DNS"，输入"值"为"Server2.gky.com"后，单击"添加"按钮，如图 11-22 所示。

（11）在"私钥"选项卡中展开"密钥选项"，设置"密钥大小"为 2048，勾选"使私钥可以导出"复选框，如图 11-23 所示，单击"确定"按钮。

（12）在如图 11-24 所示的"请求证书"界面中，单击"注册"按钮，进行注册。注册成功后，单击"完成"按钮完成注册。

图 11-20

图 11-21

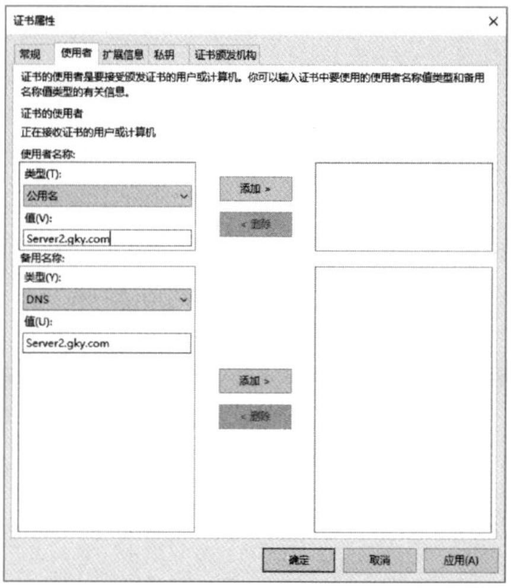

笔 记

图 11-22

图 11-23

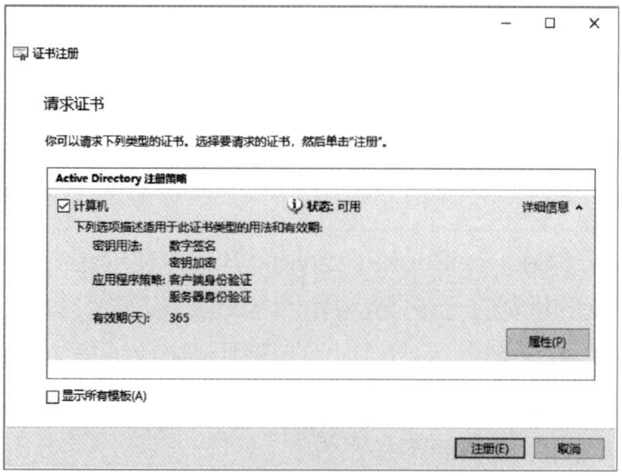

图 11-24

（13）如图 11-25 所示，证书申请成功。

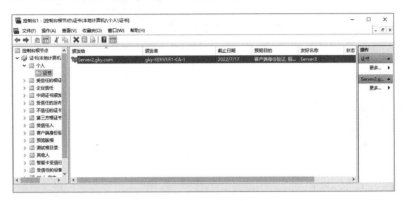

图 11-25

配置安全网站

任务 2 配置安全网站

【任务目标】

通过利用 Active Directory 证书服务来搭建证书颁发机构（CA），并向 CA 申请计算机证书，实现安全网站具备 SSL 安全连接（https）的能力。

【任务场景】

为了安全，公司需要配置安全网站，实现用户通过 HTTPS 访问公司网站。

【任务环境】

任务环境如图 11-1 所示，服务器 Server1.gky.com 为证书服务器，为 Web 服务器 Server2.gky.com 颁发数字证书，通过客户端计算机 Win10.gky.com 验证设置结果。

【知识准备】

微课 PPT-11-2
任务 2 配置安全
网站

1. SSL 协议

安全通信协议（Secure Socket Layer，SSL）要求建立在可靠的传输层协议之上。SSL 协议的优势在于它与应用层协议独立无关。高层的应用层协议能透明地建立于 SSL 协议之上。SSL 协议在应用层协议通信之前就已经完成加密算法、通信密钥的协商以及服务器认证工作。在此之后应用层协议所传送的数据都会被加密，从而保证通信的私密性。

（1）SSL 协议提供的服务

1）认证用户和服务器，确保数据发送到正确的客户端和服务器。

2）加密数据以防止数据中途被窃取。

3）维护数据的完整性，确保数据在传输过程中不被改变。

（2）SSL 协议工作流程

1）服务器认证阶段。客户端向服务器发送一个开始信息"Hello"以便开始一个新的会话连接；服务器根据客户端的信息确定是否需要生成新的主密钥，如需要则服务器在响应客户的"Hello"信息时将包含生成主密钥所需的信息；客户端根据收到的服务器响应信息，产生一个主密钥，并用服务器的公开密钥加密后传给服务器；服务器恢复该主密钥，并返回给客户端一个用主密钥认证的信息，以此让客户端认证服务器。

2）用户认证阶段。在此之前，服务器已经通过了客户端认证，这一阶段主要完成对客户端的认证。经认证的服务器发送一个提问给客户，客户则返回（数字）签名后的提问和其公开密钥，从而向服务器提供认证。

2. HTTPS 协议

HTTPS（Hyper Text Transfer Protocol over SecureSocket Layer）是以安全为目标的 HTTP 通道，在 HTTP 的基础上通过传输加密和身份认证保证了传输过程的安全性。HTTPS 在 HTTP 的基础下加入SSL，HTTPS 的安全基础是 SSL，因此加密的详细内容就需要 SSL。HTTPS 存在不同于 HTTP 的默认端口及一个加密/身份验证层（在 HTTP 与 TCP 之间），该系统提供了身份验证与加密通信方法。它被广泛用于万维网上安全敏感的通讯，例如交易支付等方面。

（1）HTTPS 的工作原理

1）客户端将它所支持的算法列表和一个用作产生密钥的随机数发送给服务器。

2）服务器从算法列表中选择一种加密算法，并将它和一份包含服务器公用密钥的证书发送给客户端；该证书还包含了用于认证目的的服务器标识，服务器同时还提供了一个用作产生密钥的随机数。

3）客户端对服务器的证书进行验证（有关验证证书，可以参考数字签名），并抽取服务器的公用密钥；然后再产生一个称为 pre_master_secret 的随机密码串，并使用服务器的公用密钥对其进行加密（参考非对称加/解密），并将加密后的信息发送给服务器。

4）客户端与服务器端根据 pre_master_secret 以及客户端与服务器的随机数值独立计算出加密和 MAC密钥（参考 DH 密钥交换算法）。

5）客户端将所有握手消息的 MAC 值发送给服务器。

6）服务器将所有握手消息的 MAC 值发送给客户端。

（2）HTTPS 的特点

HTTPS 相比于 HTTP 协议具有如下特点。

1）使用 HTTPS 协议可认证用户和服务器，确保数据发送到正确的客户机和服务器。

2）HTTPS 协议是由 SSL+HTTP 构建的可进行加密传输、身份认证的网络协议，比 HTTP 更加安全，可防止数据在传输过程中被窃取、改变，确保数据的完整性。

3）HTTPS 是现行架构下最安全的解决方案，虽然不是绝对安全，但它大幅增加了中间人攻击的成本。

3. 安全网站搭建原理

Web 服务器证书通过在 Web 客户端和 Web 服务器之间建立信任关系来保护 Internet 通信，如图 11-26 所示，证书服务器为 Web 服务器提供安全证书。Web 服务器证书为用户提供了一种在传输个人信息之前确认网站身份的方法。Web 服务器证书可从证书颁发机构相互信任的第三方组织获得证书，也可以使用 Web 服务器基础结构自行生成证书。

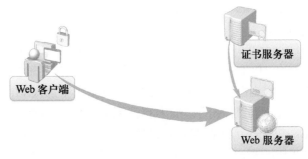

图 11-26

【任务实施】

1. 在服务器 Server2.gky.com 上创建安全网站

微课实验 11-2
任务 2 配置安全
网站

（1）使用 gky\administrator 域管理员登录 Server2 服务器，在 Web 文件夹下，新建"安全网站"子文件夹，在"安全网站"子文件夹中创建内容是"这是安全测试网站"的 txt 文件，并修改文件名和扩展名为 index.html，如图 11-27 所示。

（2）打开"Internet Information Services（IIS）管理器"对话框，定位到"网站"，右击，在弹出的菜单中选择"添加网站"，打开"添加网站"对话框。

（3）如图 10-28 所示，输入网站名称为"安全网站"，物理路径为"C:\Web\安全网站"，主机名为"server2.gky.com"后，单击"确定"按钮完成"安全网站"创建。

（4）在 Win10 客户机的浏览器中，输入网址：http:// server2.gky.com 并按 Enter 键，打开测试网站，如图 11-29 所示。

（5）在 Server2 服务器中，如图 11-30 所示，选择右侧的"绑定"选项，打开"网站绑定"界面。

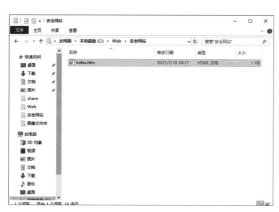

图 11-27

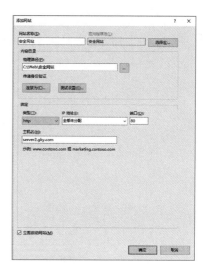

图 11-28

图 11-29

笔 记

图 11-30

（6）在"网站绑定"界面中，单击"添加"按钮，打开"添加网站绑定"对话框，选择"类型"为"https"，输入"主机名"为"server2.gky.com"，通过下拉菜单选择"SSL 证书"为"Server2"后，单击"确定"按钮，如图 11-31 所示。单击"关闭"按钮，关闭"网站绑定"界面。

（7）如图 11-32 所示，在"安全网站主页"界面中双击"SSL 设置"图标，进入"SSL 设置"页面。

图 11-31

图 11-32

（8）如图 11-33 所示，勾选"要求 SSL"复选框。在"客户证书"选项中，单击"忽略"按钮，并在右侧单击"应用"按钮，完成 SSL 设置。

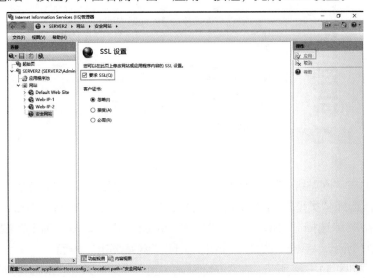

图 11-33

2. 测试 https 连接

（1）在 Win10 客户端机的浏览器中，输入网址：http://server2.gky.com 并按 Enter 键，网页显示"403-禁止访问：访问被拒绝"，说明使用 HTTP 协议已经不能访问网站，如图 11-34 所示。

图 11-34

（2）在浏览器继续输入网址：https://server2.gky.com 并按 Enter 键，显示测试网站内容，如图 11-35 所示。

图 11-35

单元练习

1. 选择题

（1）有一个 Windows Server 2019 企业根 CA，安全策略阻止在域控制器和颁发 CA 上打开端口 443 和 80，需要允许用户通过 Web 界面申请证书，安装了 AD CS 角色。接下来正确的做法是（　　）。

笔 记

单元练习

A. 在成员服务器上配置联机响应程序角色服务

B. 在域控制器上配置联机响应程序角色服务

C. 在成员服务器上配置证书颁发机构 Web 注册角色服务

D. 在域控制器上配置证书颁发机构 Web 注册角色服务

（2）在根 CA、策略 CA 和颁发 CA 三种 CA 中，（   ）可以被设置成离线 CA。

A. 根 CA   B. 策略 CA   C. 颁发 CA   D. 根 CA 和策略 CA

（3）公司有一个 Active Directory 域，所有服务器都运行 Windows Server 2008，运行了企业根证书颁发机构（CA），需要确保只有管理员才能给代码签名，应该执行（   ）任务（每个正确答案表示解决方法的一部分，请选择两个正确答案。）。

A. 发布代码签名模板

B. 编辑企业根 CA 的本地计算机策略，以允许用户信任对等证书，并且只允许管理员应用策略

C. 编辑企业根 CA 的本地计算机策略，以只允许管理员管理受信任的发布者

D. 修改模板上的安全设置，以只允许管理员申请代码签名证书

2. 简答题

（1）企业 CA 与独立 CA 的区别有哪些？

（2）HTTPS 协议具有哪些特点？

单元 12

配置和管理 Hyper-V 服务器

学习目标

【知识目标】

- 了解虚拟化技术
- 了解 Hyper-V 虚拟化软件
- 了解 Hyper-V 系统要求
- 了解 Hyper-V 虚拟交换机的类型

【技能目标】

- 掌握安装 Hyper-V 角色
- 掌握安装虚拟机
- 掌握配置虚拟交换机
- 掌握配置差异虚拟磁盘

【素养目标】

- 具备分析问题和解决问题的能力
- 具备沟通与团队协助的能力
- 具备计算机操作系统运维与管理的能力
- 具备良好的职业道德和敬业精神

教学导航

知识重点	创建多个虚拟机
知识难点	配置虚拟机
推荐教学方式	从工作任务入手，通过安装 Hyper-V 角色服务、安装虚拟机和创建多个虚拟机，让读者逐步理解 Hyper-V 虚拟化技术，掌握 Hyper-V 虚拟机的安装与配置
建议学时	4 学时
推荐学习方法	动手完成任务，在任务中逐渐掌握 Hyper-V 虚拟机的安装与配置

安装 Hyper-V 虚拟机

笔 记

任务 1 安装 Hyper-V 虚拟机

【任务目标】

在服务器上利用 Hyper-V 来创建虚拟机，然后在虚拟机中安装所需的操作系统。

【任务场景】

为了提高公司服务器 CPU 的利用率，需要在 Server 3 服务器上安装 Hyper-V 角色服务，创建一台虚拟机，并安装 Windows 10 操作系统，虚拟机配置如下。

- CPU：1 个
- 内存：1024 MB
- 硬盘：40 GB

【任务环境】

公司部署了一台成员服务器 Server3，硬件配置为：CPU 为 2 个，内存为 8 GB，2 个硬盘，其中一个硬盘为 60 GB，用于安装 Windows Server 2019 操作系统；另一个硬盘为 120 GB，用于安装 Hyper-V 虚拟机。任务环境如图 12-1 所示。

成员服务器
主机名：Server3
CPU：2个
内存：8GB
硬盘：2个(60GB和120GB)
IP地址：192.168.1.3/24

图 12-1

微课 PPT-12-1
任务 1 安装
Hyper-V 虚拟机

【知识准备】

通过 Hyper-V 虚拟化服务，可以在一台高性能服务器上部署多台虚拟机，每台虚拟机承担一个或多个服务系统。这样有利于提高服务器的利用率，减少物理服务器的数量，并能通过一台宿主机管理多台虚拟机，让服务器的管理变得更为便捷和高效。

1. 虚拟化技术

通过虚拟化技术可以在单台物理计算机上运行多台虚拟机，且所有虚拟机可在多种环境下共享该物理计算机的资源。在同一物理计算机上，不同的虚拟机可以独立、并行运行不同的操作系统和多个应用程序。虚拟化具有如下特性。

（1）分区。可在一台物理机上运行多个操作系统，可在虚拟机之间分配系统资源。

（2）隔离。可在硬件级别进行故障和安全隔离，可利用高级资源控制功能保持性能。

（3）封装。可将虚拟机的完整状态保存到文件中，可像移动和复制文件一样轻松地移动和复制虚拟机。

（4）独立于硬件。可将任意虚拟机调配或迁移到任意物理服务器。

2. Hyper-V 的系统要求

Hyper-V 是微软的一款虚拟化产品，是 Windows Server 2019 操作系统中的一个功能组件，是微软第一个采用类似 VMware 和 Citrix 开源 Xen 的基于 hypervisor 的技术。安装 Hyper-V 角色服务的系统要求如下。

（1）Intel或者AMD 64 位处理器。

（2）内存最小为 2 GB。

（3）Windows Server 2008 R2 及以上服务器操作系统。

（4）支持二级地址转换。

（5）支持虚拟机监视器模式扩展。

（6）开启硬件辅助虚拟化技术（Intel-VT 或 AMD-V）。

（7）开启数据执行保护（Intel XD bit 或 AMD NX bit）。

【任务实施】

1. 安装 Hyper-V 服务

（1）在 VMware 虚拟化实验平台中，选择 Server3 虚拟机并关闭此虚拟机，单击"编辑虚拟机设置"，进入"虚拟机设置"对话框，在"硬件"选项卡中，设置"处理器"为 1，"内存"为 8 GB，添加一个新的容量为 120 GB 硬盘。

（2）选择"处理器"，在右侧的"虚拟机引擎"项中勾选"虚拟化 Intel VT-x/EPT 或 AMD-V/RVI"和"虚拟化 CPU 性能计数器"复选框，如图 12-2 所示。

微课实验 12-1
任务 1　安装
Hyper-V 虚拟机

图 12-2

笔 记

笔 记

（3）在 Server3 虚拟机文件中，定位到 Server3.vmx 配置文件，并使用记事本打开，在最后一行添加以下代码并保存退出，如图 12-3 所示。

（4）单击"开启此虚拟机"，开启 Server3 服务器，使用 gky\administrator 域管理员登录 Server3 服务器，打开"Windows Powershell"命令行窗口，输入 Systeminfo 命令，显示如图 12-4 的 Hyper-V 要求。

图 12-3　　　　　　　　　　　　　　图 12-4

（5）在成员服务器 Server3 打开"服务器管理器"，选择"仪表板"处的"添加角色和功能"，连续单击"下一步"按钮，直到出现"选择服务器角色"界面，如图 12-5 所示，勾选"Hyper-V"复选框，弹出"添加角色和功能向导"对话框，单击"添加功能"按钮，添加 Hyper-V 服务后，单击"下一步"按钮。

（6）连续单击"下一步"按钮，直到出现"创建虚拟交换机"界面，如图 12-6 所示，勾选 Ethernet0 复选框，单击"下一步"按钮。

图 12-5　　　　　　　　　　　　　　图 12-6

（7）连续单击"下一步"按钮，直到出现"确认安装所选内容"界面，如图 12-7 所示，单击"安装"按钮。

（8）安装完毕后，单击"关闭"，并重启系统。系统重启后，在服务器管理器的"工具"栏中出现"Hyper-V 管理器"。

2. 在 Hyper-V 管理器中新建虚拟机

（1）在 Server3 服务器的"服务器管理器"中的右上方单击"工具"栏中的"计算机管理"，在"计算机管理"界面中选择"磁盘管理"，进行初始化磁盘 1，并新建简单卷 E，容量为 120 GB，配置完磁盘后，关闭"计算机管理窗口"。

（2）在 Server3 服务器的"服务器管理器"中的右上方单击"工具"栏中"Hyper-V 管理器"，在"Hyper-V 管理器"界面中，选择"Server3"节点，在右边"操作"栏中选择"新建"→"虚拟机"，打开"新建虚拟机向导"界面，如图 12-8 所示，单击"下一步"按钮。

图 12-7　　　　　　　　　　　　　　　　　　图 12-8

（3）在"指定名称和位置"窗口中的"名称"栏中输入虚拟机名称，如"Win10H"，勾选"将虚拟机存储在其他位置"，"位置"栏中设置为"E:\Win10H"文件夹，单击"下一步"按钮。

（4）在"指定代数"界面中选择"第一代"，单击"下一步"按钮。

（5）在"分配内存"界面中的"启动内存"栏中输入 1024 MB，单击"下一步"按钮。

（6）在"配置网络"界面中的"连接"栏中选择"外部虚拟交换机"，单击"下一步"按钮。

（7）在"连接虚拟磁盘"界面中，勾选"创建虚拟硬盘"，并在"大小（S）"栏中输入 40 GB，单击"下一步"按钮。

（8）在"安装选项"界面中，勾选"以后安装操作系统"，单击"下一步"按钮。

（9）在"正在完成新建虚拟机向导"界面中显示向导过程中的配置结果，确认后单击"完成"按钮，如图 12-9 所示。

3. 设置安装驱动器

（1）在"虚拟机"窗口中显示刚创建好的虚拟机"Win10H"，选择"Win10H"虚拟机，右击，在弹出的菜单中选择"设置"。

（2）在"Win10H 的设置"界面中选择"DVD 驱动器"，在"DVD 驱动器"界面中选择"物理 CD/DVD 驱动器"，在"物理 CD/DVD 驱动器"栏中选择"驱动器'D:'"，单击"确定"按钮，如图 12-10 所示。

笔记

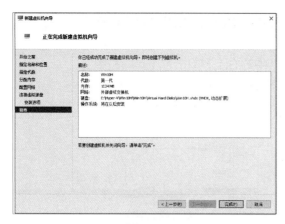

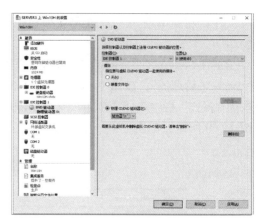

图 12-9   图 12-10

4. 在"Win10H"虚拟机中安装 Windows10 操作系统

（1）在 VMware 虚拟化平台，通过 Server3 的"虚拟化设置"界面，加载"Windows10.ISO"镜像文件。

（2）在"虚拟机"界面中选择"Win10H"虚拟机，右击，在弹出的菜单中选择"连接"。

（3）在"Win10H-虚拟机连接"界面中，选择"操作"→"启动"。

（4）Win10H 虚拟机进入"Windows 安装程序"，单击"下一步"按钮，开始安装 Windows 10 操作系统，直至安装完成。

使用"差异虚拟硬盘"创建多个虚拟机

PPT

任务 2   使用"差异虚拟硬盘"创建多个虚拟机

【任务目标】

使用"差异虚拟硬盘"方法快速创建多台虚拟机，并且通过虚拟交换机进行局域网连接。

【任务场景】

为了提高 Hyper-V 虚拟机安装效率，需要使用"差异虚拟硬盘"方法快速创建 2 台虚拟机，并配置一台"内部"虚拟交换机，用于连接 2 台虚拟机组建局域网。

【任务环境】

采用任务 1 相同的任务环境。

微课 PPT-12-2
任务 2 使用"差异虚拟硬盘"创建多个虚拟机

【知识准备】

1. Hyper-V 的虚拟交换机

Hyper-V 支持建立以下三种类型的虚拟交换机，如图 12-11 所示。

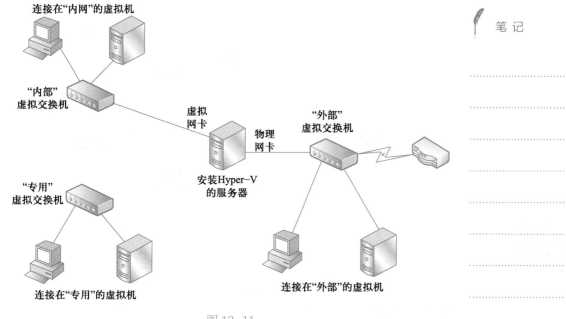

图 12-11

笔 记

（1）"外部"虚拟交换机

其所连接的网络就是主机物理网卡所连接的网络，因此如果将虚拟机的虚拟网卡连接到此虚拟交换机，则它们可以与连接在这台交换机上的其他服务器进行通信，甚至可以连接 Internet。如果主机有多块物理网卡，则可以针对每一块网卡各建立一个外部虚拟交换机。

（2）"内部"虚拟交换机

连接在这台虚拟交换机上的虚拟机之间可以相互通信，但是无法与其他网络的虚拟机通信，同时它们也无法连接 Internet，除非在主机启用 NAT 或路由器功能。可以建立多台内部虚拟交换机。

（3）"专用"虚拟交换机

连接在这台虚拟交换机上的虚拟机之间可以相互通信，但是不能与主机通信，也无法与其他网络内的虚拟机通信。可以建立多台专用虚拟交换机。

2. 差异虚拟硬盘

创建多台虚拟机时，每台虚拟机会占用比较多的硬盘空间，而且重复创建虚拟机也比较浪费时间。使用差异虚拟硬盘是一种省时又省硬盘空间的办法。

使用差异虚拟硬盘就是将之前创建的虚拟机的虚拟硬盘当作母盘，并以母盘为基准来建立差异虚拟磁盘，然后将此差异虚拟磁盘分配给新的虚拟机使用，当启动新建的虚拟机时，它仍然会使用母盘，但之后此系统内所进行的任何改动都只会被存储到差异虚拟硬盘，并不会更改母盘的内容，如图 12-12 所示。

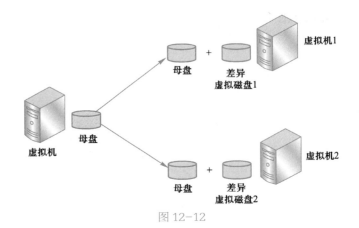

图 12-12

微课实验 12-2
任务 2 使用"差异
虚拟硬盘"创建多
个虚拟机

【任务实施】

1. 新建差异虚拟硬盘

（1）在"Hyper-V 管理器"界面中，选择"Win10H"虚拟机，右击，在弹出的菜单中选择"关机"。

（2）在"Hyper-V 管理器"界面中，选择"Server3"，右击，在弹出的菜单中选择"新建"→"硬盘"。

（3）进入"新建虚拟硬盘向导"界面中，在"开始之前"窗口中单击"下一步"按钮。

（4）在"选择磁盘格式"界面中，选择"VHDX（H）"虚拟硬盘格式，单击"下一步"按钮。

（5）在"选择磁盘类型"界面中，选择"差异"虚拟磁盘类型，单击"下一步"按钮。

（6）在"指定名称和位置"界面中，在"名称"文本框中输入"diffdisk1.vhdx"，位置选择"E:\Hyper-V"文件夹，如图 12-13 所示，单击"下一步"按钮。

（7）在"配置磁盘"界面中，选择要当作母盘的虚拟硬盘文件"Win10H.vhdx"，如图 12-14 所示，单击"下一步"按钮。

图 12-13

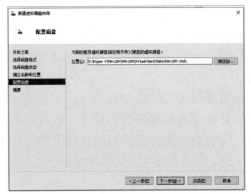

图 12-14

（8）在"正在完成新建虚拟硬盘向导"界面中，确认配置参数，单击"完成"按钮，如图 12-15 所示。

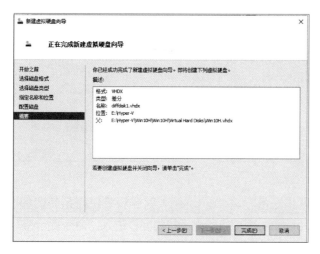

图 12-15

2. 新建 Win10D1 虚拟机

（1）在"Hyper-V 管理器"界面中，选择"Server3"，右击，在弹出的菜单中选择"新建"→"虚拟机"。

（2）进入"新建虚拟机向导"界面，在"开始之前"窗口中单击"下一步"按钮。

（3）在"指定名称和位置"窗口中的"名称"栏中输入"Win10D1"，勾选"将虚拟机存储在其他位置"，设置位置为"E:\Win10D1"文件夹中，如图 12-16 所示，单击"下一步"按钮。

（4）在"指定代数"界面中，选择"第一代"，单击"下一步"按钮。

（5）在"分配内存"界面中的"启动内存"栏中输入 1024 MB，单击"下一步"按钮。

（6）在"配置网络"界面中的"连接"栏中选择下拉菜单中的网卡，单击"下一步"按钮。

（7）在"连接虚拟磁盘"界面中，选择"使用现有虚拟硬盘"，在"位置"栏中选择差异虚拟磁盘"diffdisk1.vhdx"，单击"下一步"按钮。

（8）在"正在完成新建虚拟硬盘向导"界面中，确认配置参数，单击"完成"按钮，如图 12-17 所示。

3. 启动并连接 Win10D1 虚拟机

（1）在"虚拟机"界面中，选择"Win10D1"虚拟机，右击，在弹出的菜单中选择"启动"，显示 Win10D1 虚拟机正在运行。

（2）在"虚拟机"界面中，选择"Win10D1"虚拟机，右击，在弹出的菜单中选择"连接"，显示 Win10D1 虚拟机登录界面，输入密码，进入 Windows 10 系统。

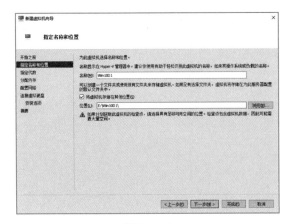

图 12-16   图 12-17

4. 使用系统准备工具（sysprep）对计算机进行系统清理操作

（1）在 Win10D1 虚拟机操作系统界面，进入"命令提示符"运行 sysprep 命令，双击"sysprep"应用程序，进入"系统准备工具"窗口。

（2）在"系统准备工具 3.14"对话框中的"系统清理操作"栏中，选择"进入系统全新体验"，勾选"通用"，在"关机选项"栏中选择"重新启动"选项，单击"确定"按钮，如图 12-18 所示。

（3）Windows 系统重启后，显示"为这台电脑创建一个账户"界面，创建账户"Win10D1"和密码，如图 12-19 所示，单击"下一步"按钮。

图 12-18   图 12-19

（4）进入 Win10D1 虚拟机系统界面，注销，并使用账户"Win10D1"重新登录 Windows 系统。

5. 新建差异虚拟硬盘

按照上述步骤 1 新建差异虚拟硬盘"diffdisk2.vhdx"。

6. 新建虚拟机

按照上述步骤 2 新建虚拟机"Win10D2"。

7. 启动并连接 Win10D2 虚拟机

使用系统准备工具（sysprep）对计算机进行系统清理操作，并为 Win10D2

虚拟机创建账户“Win10D2”和密码。

8．配置虚拟机 IP 地址

（1）配置 Win10D1 虚拟机 IP 地址为 192.168.1.201，掩码为“255.255.255.0”，如图 12-20 所示。

（2）配置 Win10D2 虚拟机 IP 地址为 192.168.1.202，掩码为“255.255.255.0”，如图 12-21 所示。

✒ 笔 记

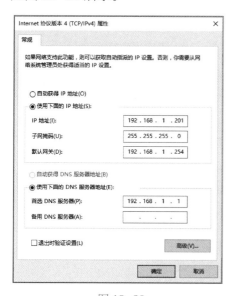

图 12-20

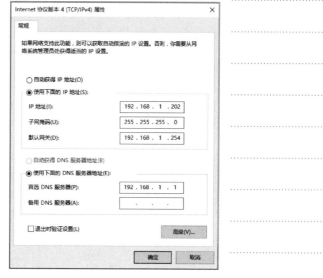

图 12-21

（3）关闭 Win10D1 虚拟机和 Win10D2 虚拟机防火墙。

（4）使用 Ping 命令测试 Win10D1 虚拟机和 Win10D2 虚拟机之间的连通性。

（5）使用 Ping 命令测试 Win10D1 虚拟机与 Server3 服务器、Server1 服务器之间的连通性。

9．创建内部虚拟交换机

（1）进入“Hyper-V 管理器”界面，在右侧的“操作”列表中选择“虚拟交换机管理器”，进入“Server3 的虚拟交换机管理器”界面，在“创建虚拟交换机”栏中选择“内部”，单击“创建虚拟交换机”按钮，如图 12-22 所示。

（2）在“SERVER 3 的虚拟交换机管理器”窗口的“虚拟交换机属性”中，在“名称”文本框中输入“内部虚拟交换机”，在“连接类型”栏中选择“内部网络”，单击“确定”按钮，如图 12-23 所示。

10．配置虚拟机连接内部交换机

（1）在“虚拟机”界面中选择 Win10D1 虚拟机，右击，在弹出的菜单中选择“设置”。进入“Win10D1 的设置”界面，在“网络适配器”的“虚拟交换机”栏中，选择“内部虚拟交换机”，单击“确定”按钮，如图 12-24 所示。

图 12-22

图 12-23

笔记

图 12-24

（2）在"虚拟机"界面中，选择 Win10D2 虚拟机，右击，在弹出的菜单中选择"设置"。进入"Win10D2 的设置"界面，在"网络适配器"的"虚拟交换机"栏中，选择"内部虚拟交换机"，单击"确定"按钮。

（3）使用 Ping 命令测试 Win10D1 虚拟机和 Win10D2 虚拟机之间的连通性。

（4）使用 Ping 命令测试 Win10D1 虚拟机与 Server3 服务器、Server1 服务器之间的连通性。

单元练习

单元练习

1. 选择题

（1）不能实现宿主机与来宾虚拟机间通信的虚拟交换机为（　　）。

  A. 专用 B. 外部 C. 内部 D. 内部和外部

（2）Hyper-V 虚拟化环境中的虚拟机，以下（　　）存储能够提供最佳能性。

    A. 差异 VHD　　　　　　　　B. 动态增长的 VHD

    C. 固定大小的 VHD　　　　　D. 物理磁盘（直通盘）

（3）下列对 Hyper-V 工作层次的理解，正确的是（　　）。

    A. 位于宿主机的操作系统之下　B. 与宿主机的操作系统平级

    C. 位于宿主机的操作系统之上　D. 以上都不正确

（4）既需要使用完整的服务器功能，又需要构建高性能的虚拟化平台，可以选择以下微软虚拟化解决方案中的（　　）产品。

    A. Virtual PC　　　　　　　　B. Windows Server 2019 with Hyper-V

    C. Virtual Server 2005　　　　D. Hyper-V Server 2008R2

（5）关于 Microsoft 的 Hyper-V 虚拟化产品的描述，（　　）是错误的。

    A. Hyper-V 必须在 64 位硬件平台运行

    B. Hyper-V 要求处理器必须具备硬件辅助虚拟化技术

    C. Hyper-V 底层的 Hypervisor 运行在最高的特权级别下，微软将其称为 ring-1

    D. Hyper-V 架构为"硬件-Hyper-V-虚拟机"三层，结构复杂，执行效率慢

2. 简答题

（1）简述 Hyper-V 系统架构中的内核模式有哪些虚拟部件及它们的作用。

（2）简述 Hyper-V 系统架构中的用户模式有哪些虚拟部件及它们的作用。

（3）新的虚拟硬件磁盘格式 VHDX 相比 VHD 具有哪些技术优势？

笔 记

参 考 文 献

[1] 戴有炜. Windows Server 2019 系统与网站配置指南[M]. 北京: 清华大学出版社, 2021.

[2] 黄君羡, 王碧武. Windows Server 2012 网络服务器配置与管理[M]. 2 版. 北京: 电子工业出版社, 2017.

[3] 微软公司. Windows Server 2008 网络基础架构的实现与管理[M]. 北京: 人民邮电出版社, 2011.

[4] 微软公司. Windows Server 2008 应用程序基础结构的实现与管理[M]. 北京: 人民邮电出版社, 2011.